室内细部设计书系
SERIES OF INTERIOR DETAILED DESIGN

室内设计节点手册
THE ILLUSTRATED HANDBOOK OF INTERIOR DETAILED DESIGN

酒店固定家具
HOTEL BUILT—IN FURNITURE

主编 赵 鲲 朱小斌 周遐德 李 钦
EDITED BY Zhao Kun Zhu Xiaobin Zhou Xiade Li Qin

前 言

2017 年 1 月，我们推出了《室内设计节点手册——常用节点》，受到广大设计同行的热烈欢迎，同时也收获了期许和鼓励，还有很多热心的小伙伴义务帮我们勘误。接下来，我们会邀请更多志同道合的朋友加入我们的“方阵”，让更多同频的伙伴们与我们一起，共同做时间的朋友，为室内装饰行业深化设计再奋斗 20 年。希望通过我们有态度的分享，让室内设计师及相关从业者能够节约学习的时间成本，提高专业工作效率，为行业的规范化和升级尽自己的一点点力量。

五星级酒店是室内设计项目类型中一种功能复杂、标准要求高、涉及知识面广的大体量项目。国际品牌的五星级酒店从 2000 年前后大量进驻国内，经过十多年的快速发展，目前，几乎所有品牌在国内都有代表性的项目案例，但是其中的室内方案设计基本由境外设计公司垄断，由于具有较高的技术壁垒，导致很多国内设计师没有机会直接参与高端酒店的设计工作，只能通过实地体验、案例照片和施工图纸来进行相关的借鉴与参考，学习他人一些设计技巧和制图方式。但是，这样的学习方式还是比较表面，由于未能深入到整个项目的实践过程中去，设计师对酒店设计深层次的功能标准及要求了解甚少。

本书我们整理分享的内容为五星级酒店客房固定家具的设计知识，根据 dop 设计公司深化设计的工作实践，以固定家具这一类型展开，详细分析了材料工艺、人体工程、使用功能、设备设施等方面的知识要点，并整理了相关的施工图案例，希望大家在了解酒店固定家具相关基本知识的同时，对相关类型的施工图绘制也能有更深的体会。

关于酒店固定家具

概念

家具是指人类维持正常生活、从事生产实践和开展社会活动必不可少的器具设施大类。家具跟随时代的脚步不断发展创新，到如今门类繁多，用料各异，品种齐全，用途不一，是建立工作、生活空间的重要基础。固定家具通常被安装于室内空间的顶面、地面或墙面，且不可移动；拥有相对独立的单体或与装饰造型结合。常见的固定家具包括服务台、衣柜、书柜、台盆柜等（复杂造型的墙面在制图时也可归类为固定家具）。

重要性

固定家具节点在施工图制作中占有重要地位，其制作水平的高低是衡量一套施工图纸质量的重要标准。能够绘制精准而美观的固定家具节点，是一个施工图设计师成熟的标志。

特殊性

很多设计师认为固定家具图纸很难画清楚，也画不漂亮，其原因在于固定家具的特殊性。天地墙的设计基本是为表现造型外观的效果，但固定家具则不同，它既需达到外观的装饰效果又要满足实际使用的功能，因此很考验设计师系统的知识功底。在绘制固定家具节点时需掌握以下几点：

- 掌握家具具体的使用功能；
- 熟悉人体工程学及细节的具体尺寸；
- 了解相关设备、配件（如五金、灯具）的特性及安装、检修方式；
- 熟悉固定家具自身的结构及安装原理；
- 区别哪些固定家具是现场制作，哪些又是工厂加工订制，由此来把控图纸深度。

如何入手

固定家具节点在施工图设计中是一种类型化的节点，只要找到其中的规律进行整理即可加以利用。

固定家具通常是从平面图放大引出后独立绘制，放大后依次层层展开，应基本遵循“平面→立面→剖面→大样”的顺序原则。

绝大多数固定家具在标准图幅内表达的比例有规律可寻，可根据规律预判图纸的排版。

由于固定家具节点要表现出更多细节，对于线型设定的要求更高，对比要强烈，细节要清晰，这样在输出后才能有更好的图面观感。

013 1 衣 柜 WARDROBE

063 2 迷你吧 MINI-BAR

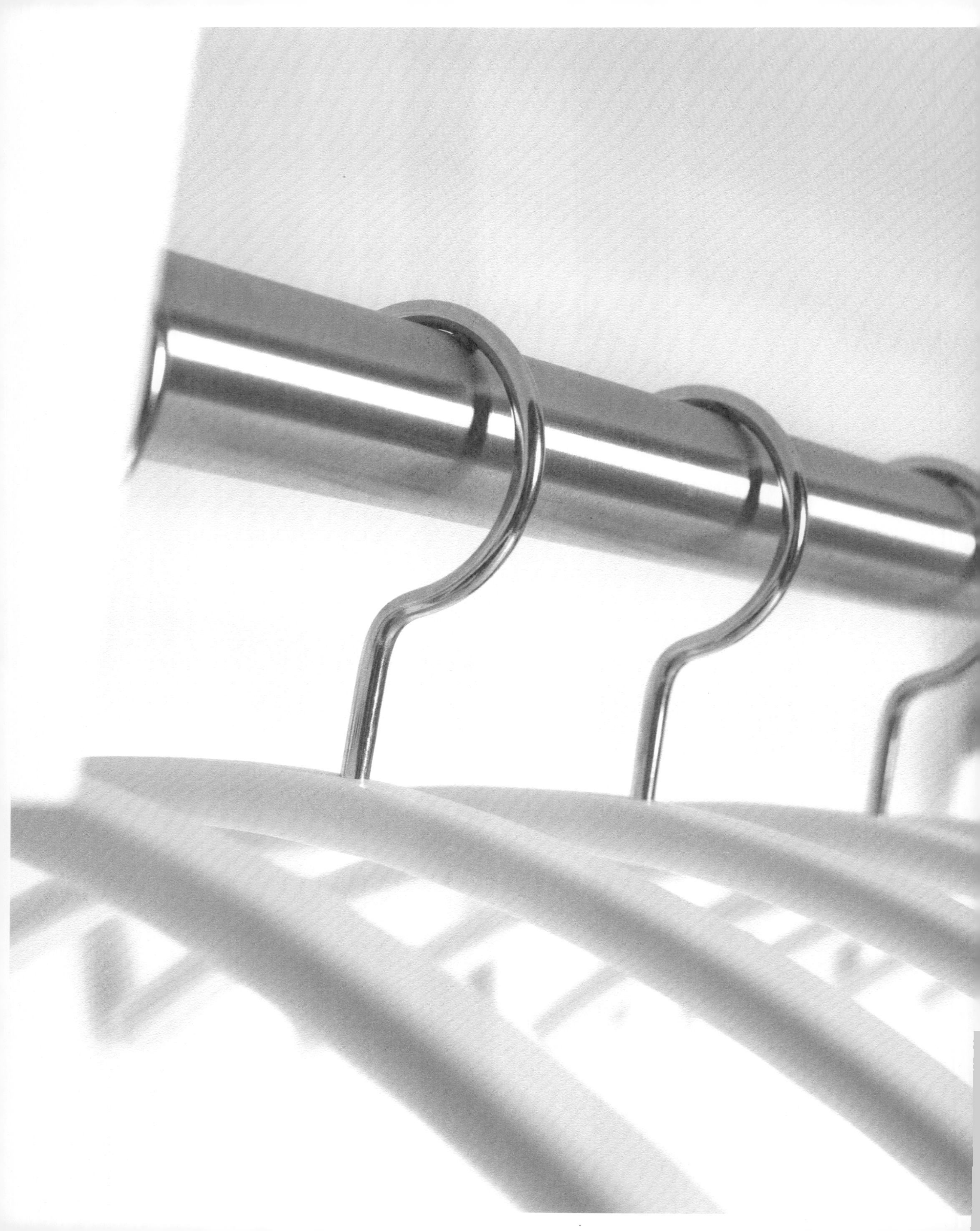

1

衣柜

WARDROBE

衣柜一般设置于客房入口，常规形式上为独立衣柜，有时会根据平面布置或酒店管理公司的要求，设计为走入式衣帽间。

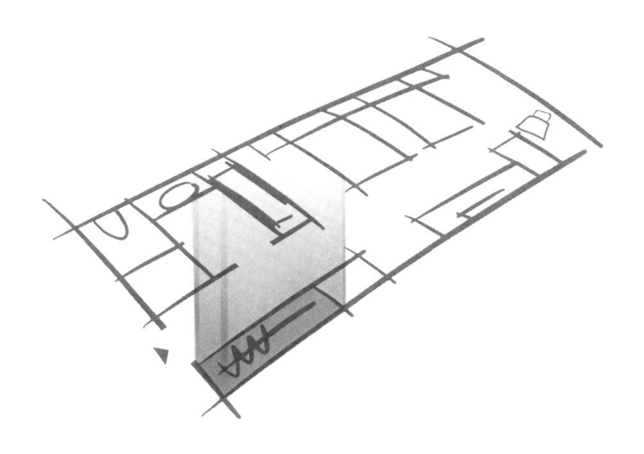

衣柜功能 Wardrobe Function

- **A** 保险箱
- **B** 行李架
- **C** 挂衣杆
- **D** 熨衣板 / 架
- **E** 照明灯具
- **F** 穿衣镜
- **G** 电箱
- **H** 检修口

传统收纳

存衣：酒店配置的浴袍；客人自带的衣物。

被褥：酒店提供的枕头、被褥等。

行李：客人的箱包等大件行李。

日常功能

保险柜：客人贵重物品的储藏。

穿衣镜：能为客人理容提供方便的全身镜。

熨衣板：可供客人熨衣的熨斗和熨衣板。

其他功能

强弱电箱：为了美观，一般会将电箱隐藏安装于衣柜内。

空调检修：为了美观，有些方案设计会取消走道天花的检修口，在衣柜内顶板开孔来实现对空调的检修。

挂衣杆 Hanging Rod

挂衣杆可以固定于衣柜两端墙体，也可悬吊于帽架上。通常挂衣杆采用抛光、镀铬金属衣杆，直径一般在 32mm 左右。

保险箱　Safe

保险箱一般放置于衣柜内，并固定于衣柜层板或壁板上，也可以根据设计要求放置在抽屉内，但要注意这时保险箱为上掀门型。保险箱的重量在 10kg 左右，所以无需对层板进行加固。保险箱的电子锁一般使用 5 号电池供电（很多酒店管理公司已经取消设置保险箱的外置电源）。

常规保险箱尺寸规格区间：
长：400~450mm
宽：300~350mm
高：200~300mm

电箱 Distribution Box

强电箱

面板尺寸区间
长：232~340mm
宽：255~400 mm

金属底盒尺寸区间
长：200~306mm
宽：230~381mm
高：90mm

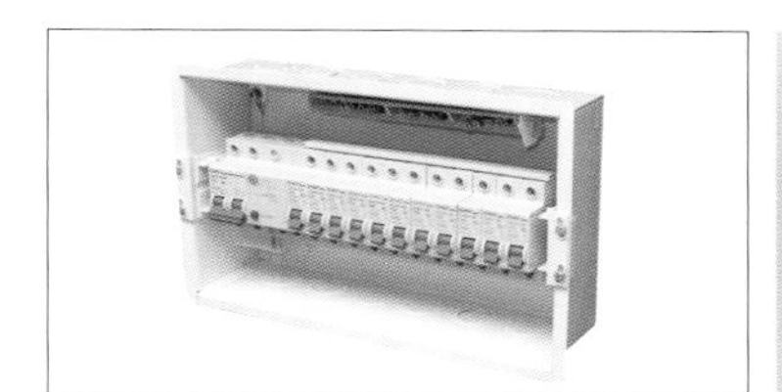

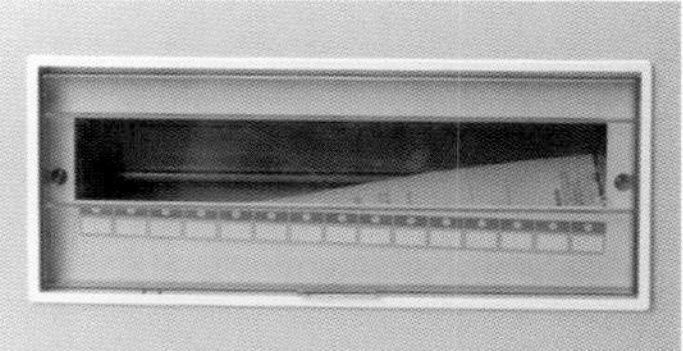

弱电箱

埋墙尺寸：400mm×300mm×120mm
面板尺寸：425mm×325mm×140mm

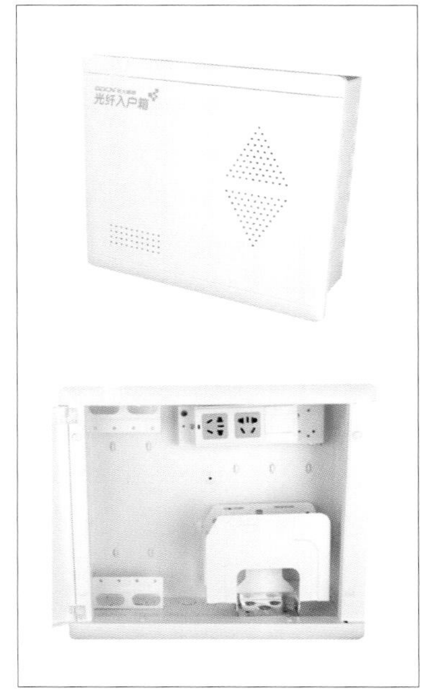

熨衣板 Ironing Board

熨衣板和熨斗挂在衣柜内侧壁板上，挂钩高度一般在 1 200mm 左右。

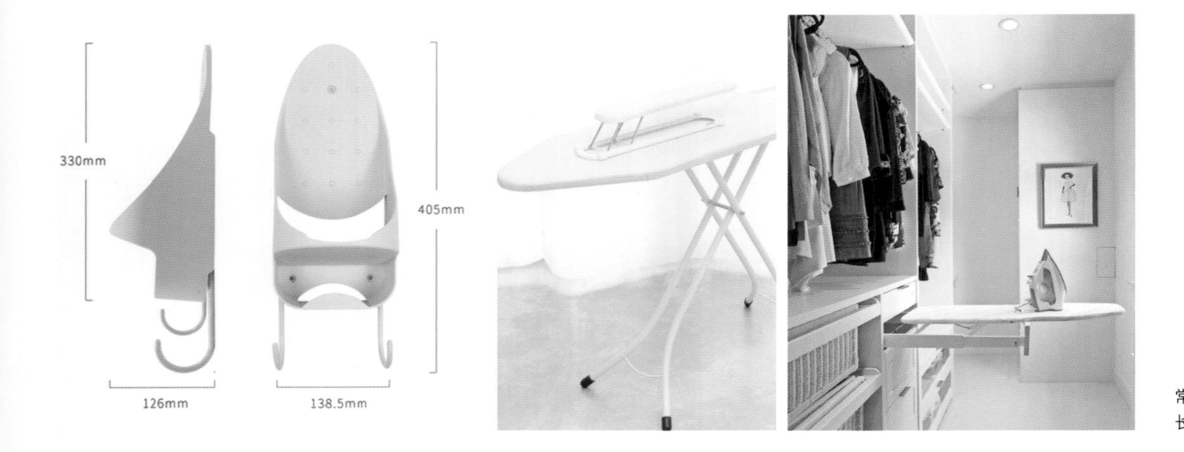

常规尺寸：
长：110mm，宽：31mm，高：86mm

行李架 Luggage Rack

行李架的功能是用来放置箱包，面层一般采用耐磨的软质材料，靠墙处为了防止行李碰撞墙面导致墙面磨损，会采用软包或设置金属、木质防撞条。

注：根据不同酒店管理公司的要求，行李架不一定要做在衣柜内部，也可以独立在衣柜外部，以活动家具的形式出现。

穿衣镜 Dressing Mirror

穿衣镜为全身镜，宽度为 300~600mm，高度为 1 200~1 600mm。穿衣镜一般布置在衣柜内或衣柜附近；可以安装在柜门正面，也可安装在衣柜内或柜门背面，还可以安装在衣柜附近墙面上。

1. 柜门穿衣镜；2. 柜内穿衣镜；3. 墙挂穿衣镜

照明灯具 Lighting

衣柜照明的主要作用是照亮挂衣杆上所挂的衣物，灯具一般选用 LED 条形灯带，设置在层板下方或上方，开关方式为触碰或感应两种形式。

成品衣柜灯

LED 灯带
高：12mm，宽：18mm
建议色温：3 000K

LED 红外人体感应灯管
570mm×27mm×22mm
安装：底部卡扣固定，接通电源线即可使用

开关 Switch

衣柜灯由于其使用的特殊性，打开柜门时需要点亮，关上柜门时关闭，所以一般不设置面板开关，以防柜门关闭时灯具忘关。目前衣柜灯的开关方式为触碰或感应两种形式。

触碰式

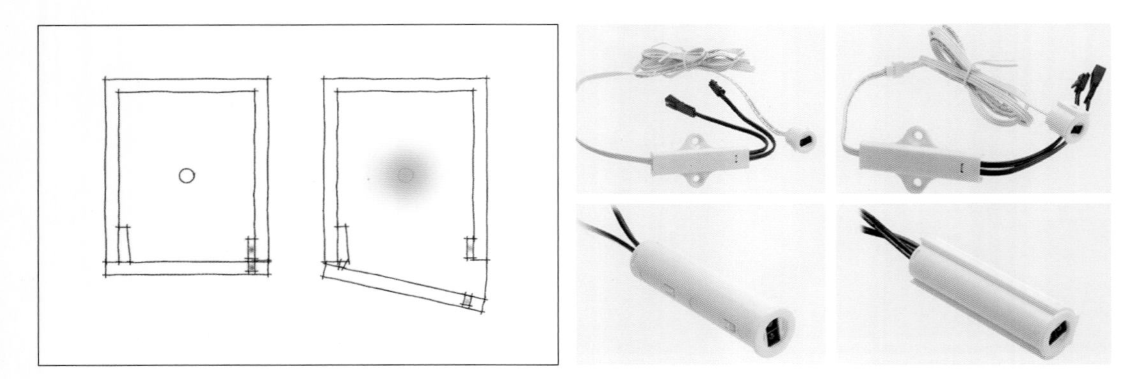

工作电压：12V
最大负载功率：60W
线长：1 500mm

红外感应开关（门触发）：

开关安装在门板后面，采用红外传感器技术，通过门板的开启和关闭来切换 LED 灯的开启和关闭，感应距离为 5~10cm。

感应式

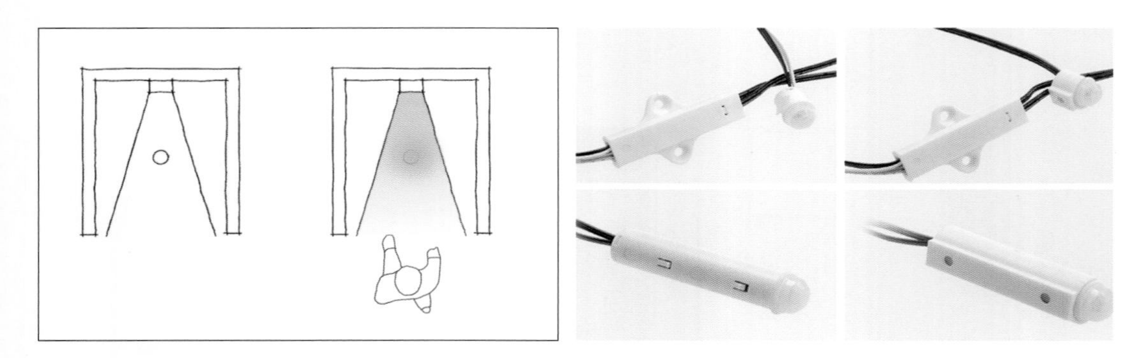

工作电压：12V
最大负载功率：40W
线长：1 500mm

人体感应开关：

感应式开关相比触碰开关更加细致，只要人出现在开关探测范围 3~5m 内就能开启开关，人离开后 1 分钟左右灯具自动关闭。

变压器 Transformer

在设计及绘图过程中，设计师往往会忽略低压灯（如 LED、卤素灯）都是需要变压器的，变压器在施工图纸中可以不做表达，但是其安装及维修原则还是需要了解的。衣柜灯的变压器通常直接放置在层板上方不起眼的地方。

注：变压器的主要功能是把 220V 交流电变成 24V 或 12V 直流电，以满足低压安全灯具的需要。

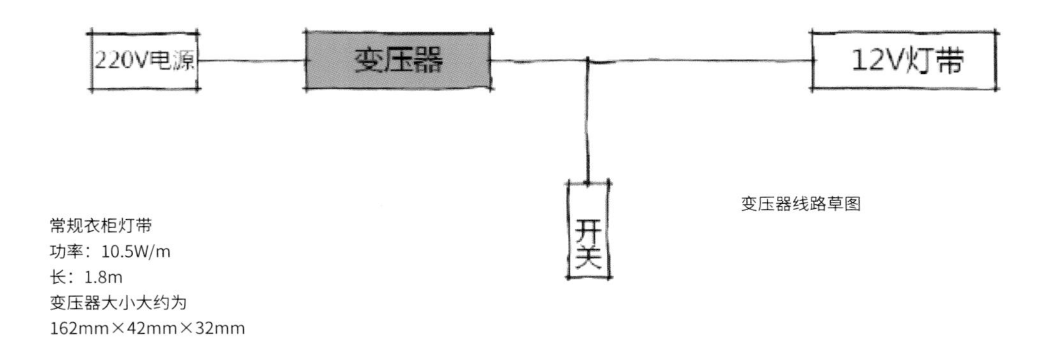

变压器线路草图

常规衣柜灯带
功率：10.5W/m
长：1.8m
变压器大小大约为
162mm×42mm×32mm

五金 Hardware

设计师往往对外露的五金感兴趣，会很在意五金的外形和材质。但是铰链、滑轨等承载了重要功能的五金产品也是顾客酒店体验直观感受的一部分。优质的五金是衡量酒店品质的重要参考标准，也是酒店管理方关注的要点。

铰链

酒店家具所选用的柜门铰链一般为液压缓冲铰链，其优点在于：在外力关门达到一定角度时，门板会自动轻轻关闭；用力关门到一定角度后，门会有缓冲效果并轻轻关闭。

抽屉滑轨

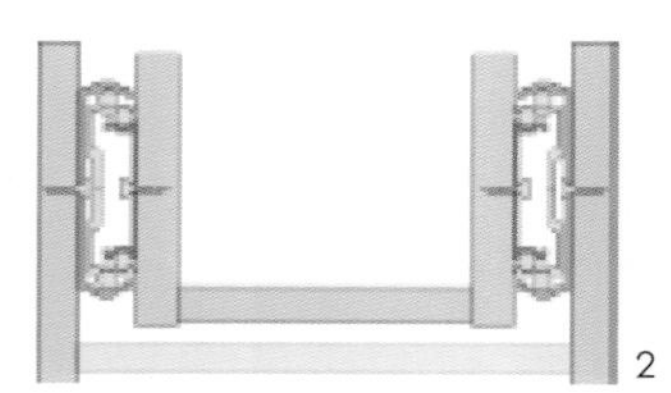

1. 三节轨（全拉式）；2. 三节轨剖面图；3. 三节轨滑轨抽屉

酒店家具所选用的抽屉滑轨一般为带阻尼的静音缓冲三节轨，其优点在于：用力关闭抽屉到最后一段距离时，可以做到慢速复位，轻轻关闭；能够做到轨道全拉伸，抽屉全外露；重力荷载一般都在 40kg 以上。

4. 侧装轨道；5. 托底装轨道；6. 托底装轨道剖面图

抽屉滑轨根据安装方式不同还可以分为：侧装轨道和托底装轨道（隐藏式轨道）。二者的区别在于：托底装轨道在抽屉拉出时不会露出轨道，外观效果干净、美观；而侧装轨道的抽屉拉出时，侧面会有轨道外露。

移门轨道　Sliding Door Track

移门轨道有两种不同的安装方式。一种为移门上端低于装饰天花，优点是可使用常规配件进行安装维修，方便快捷；缺点是门扇与天花之间缝隙大，吊片外露，正面视觉效果不佳；另一种为移门上端高于装饰天花，优点是门扇与天花之间缝隙小，五金配件不外露；缺点是不能使用常规配件及方式进行安装。

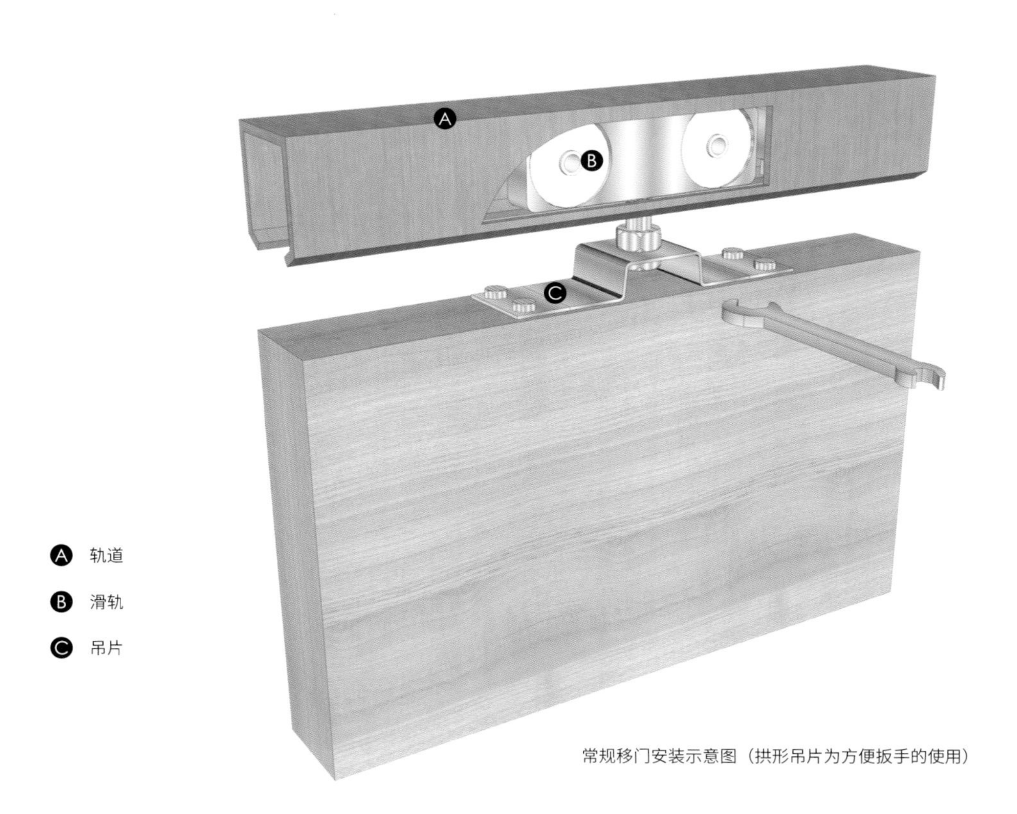

A 轨道

B 滑轨

C 吊片

常规移门安装示意图（拱形吊片为方便扳手的使用）

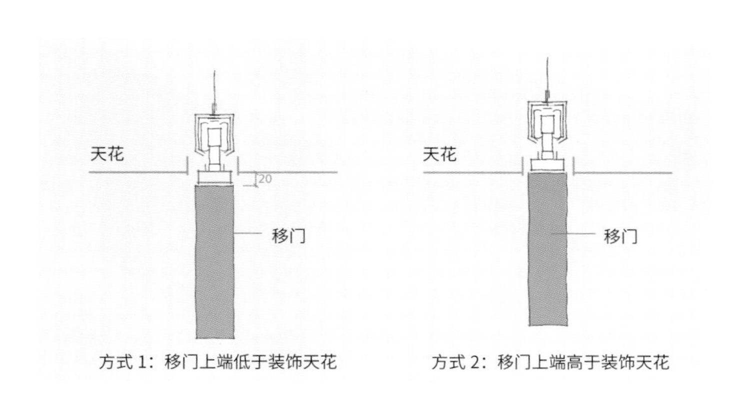

方式 1：移门上端低于装饰天花

方式 2：移门上端高于装饰天花

注：常用移门轨道为“下吊式”滑轨。普遍由轨道、滑轮、吊片、上下限位器等组成。

方式 1：移门上端低于装饰天花

处理方式：采用侧装片。

缺点：门扇侧面外露挂件，影响效果。

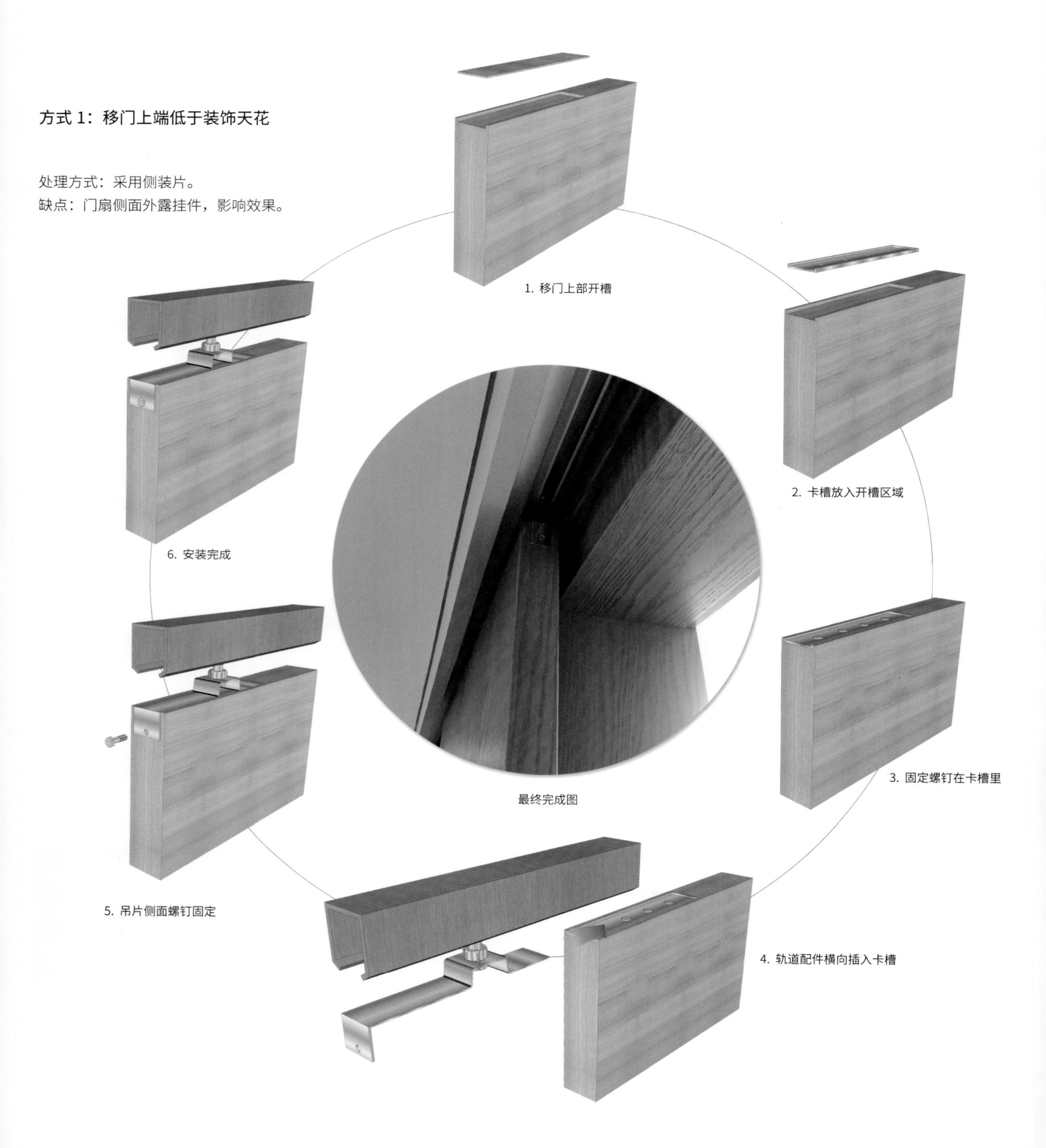

方式 2：移门上端高于装饰天花

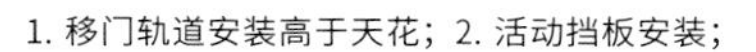

处理方式：设计可拆卸活动挡板。
缺点：需要和装饰造型结合，应用范围小。

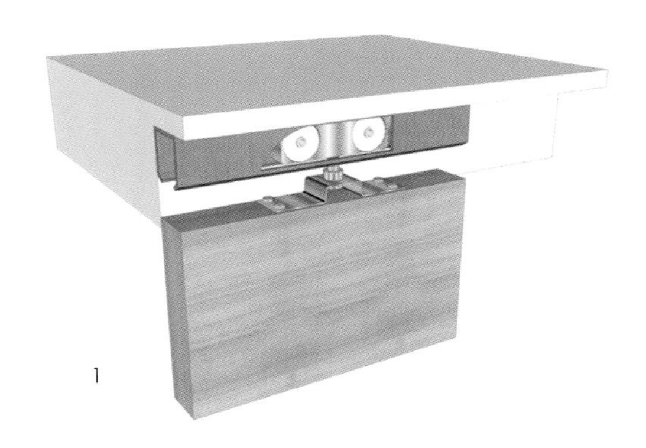

1

1. 移门轨道安装高于天花；2. 活动挡板安装；
3. 打钉固定完成安装

2

3

注：
不管采用哪种设计形式，都需要了解与之对应的安装及检修原理，否则便会为接下来的施工带来不必要的麻烦。
图中所示情况就是没有在设计、选型时考虑清楚，所以只能破坏吊顶才能安装移门。

衣柜的重要尺寸 Size of Wardrobe

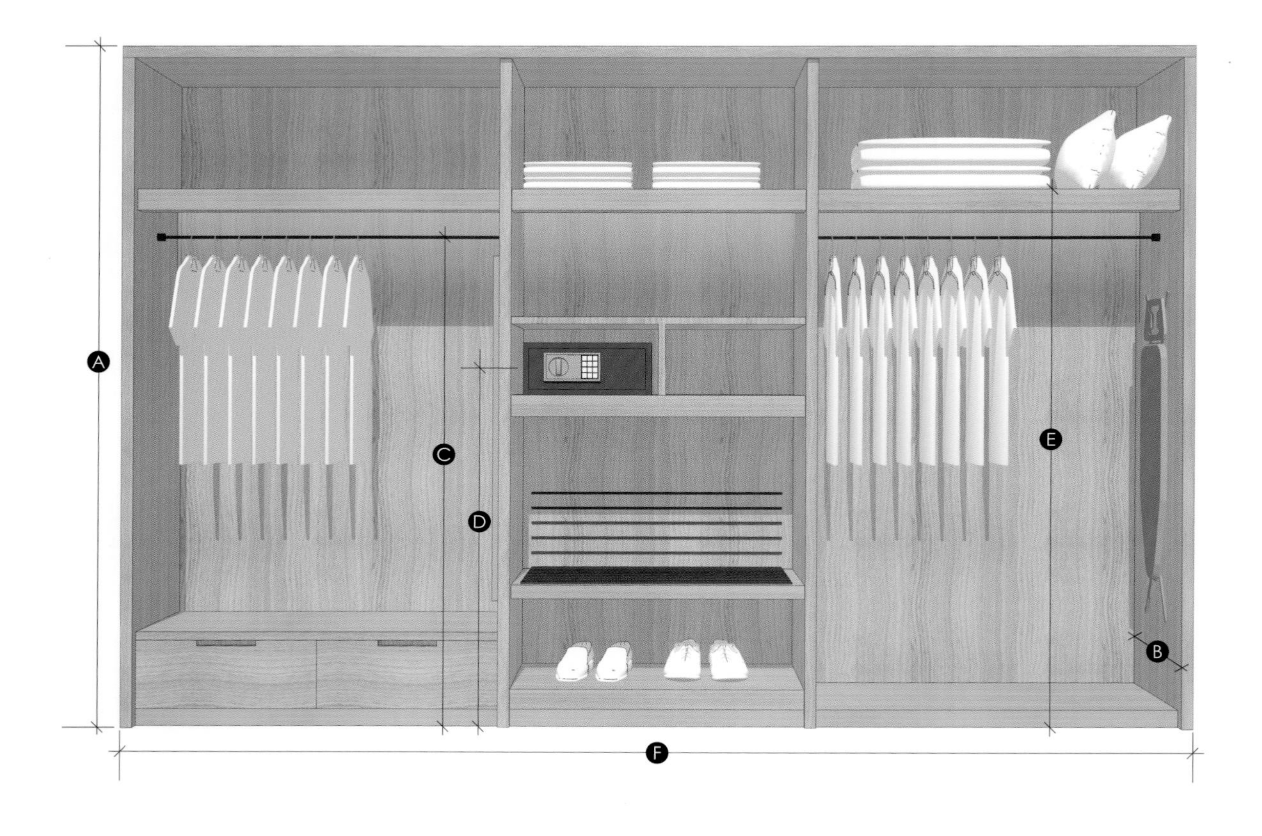

A 尺寸：约 2 400mm
衣柜高 2 400mm，客房走道的装饰标高一般为 2 400~2 600mm。

B 尺寸：约 600mm
衣柜进深 580~600mm，满足挂衣及设备尺寸要求。

C 尺寸：1 600~1 800mm
挂衣杆高度适合大部分人取用。

D 尺寸：约 1 500mm
保险箱高度与大部分人视线相平。

E 尺寸：约 1 800mm
层板高度高于挂衣杆 150mm 左右。

F 尺寸 : 750~1 800mm(活动)
衣柜长度根据各个酒店管理公司要求不同，一般≥750mm 且≤1 800mm。

衣柜构造　Wardrobe Structure

目前，市场上订制的实木油漆饰面衣柜，均由专业木业厂加工、生产、安装。家具板材一般采用实木多层板外贴 0.6mm 木皮（多层板的厚度可以根据设计需求来定），经过多道油漆工艺后，在工厂进行预安装，再拆解、包装，运至工地现场进行安装。有些家具也可在工厂整装后运至工地安装。安装方式根据各个厂家的工作习惯和现场情况会有区别，目前普遍采用三连件安装，更先进的也有采用二连件安装的。

三连件安装

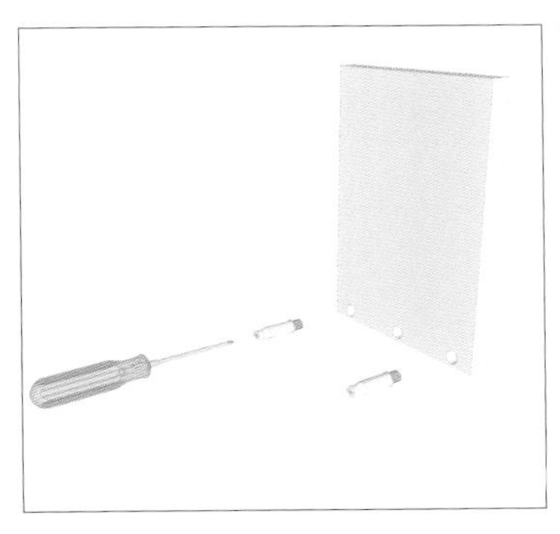

1. 用螺丝刀把配件旋进孔位

2. 完成后如图

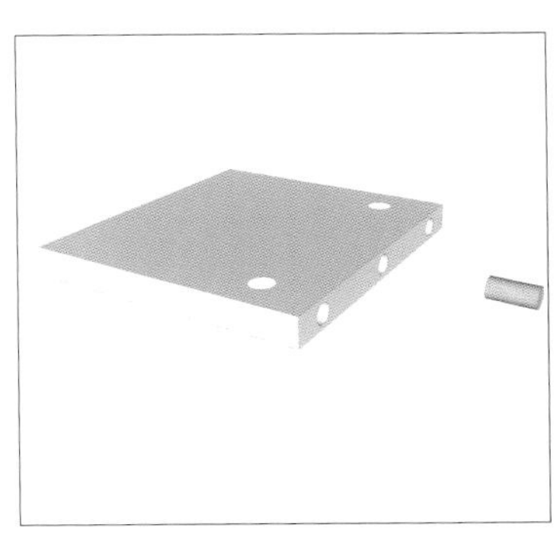

3. 将木塞塞入木板对应孔位

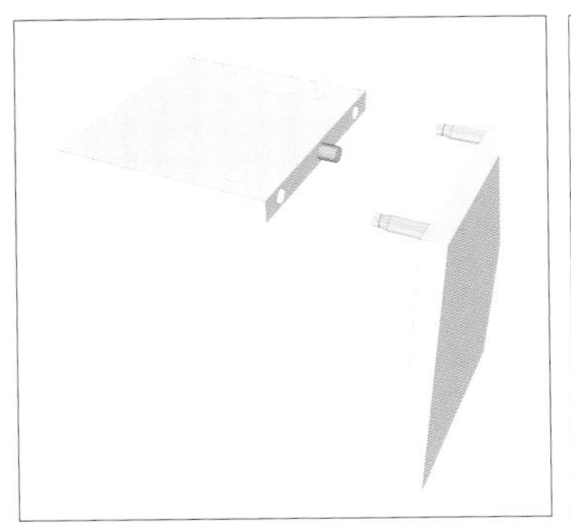

4. 拼接两块板

5. 找出相应配件用螺丝力旋入孔位

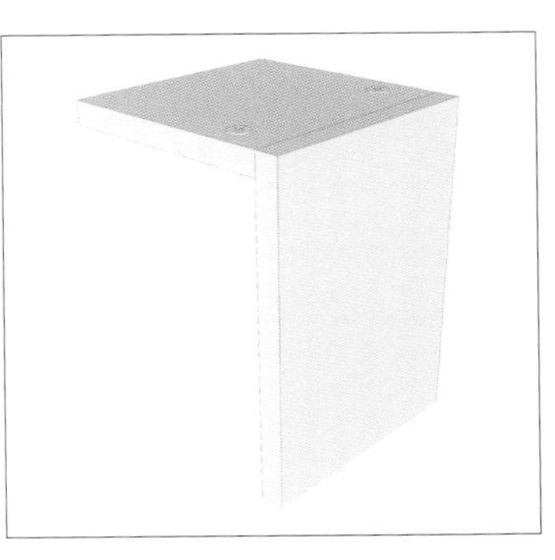

6. 安装完成

二连件安装

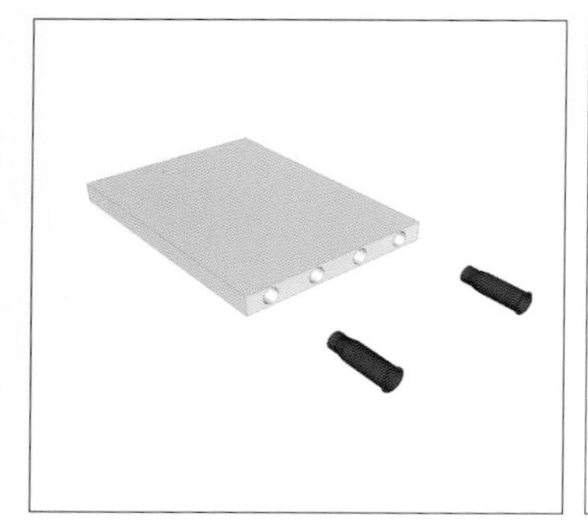

1. 将套件塞入钻孔

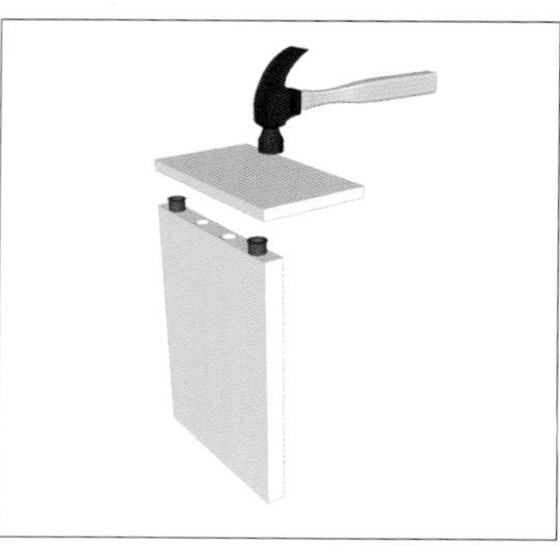

2. 木板垫于上方敲平

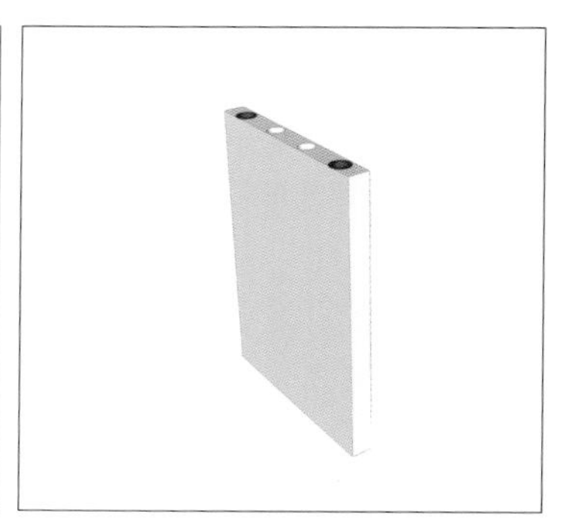

3. 确认塑件与木板齐平

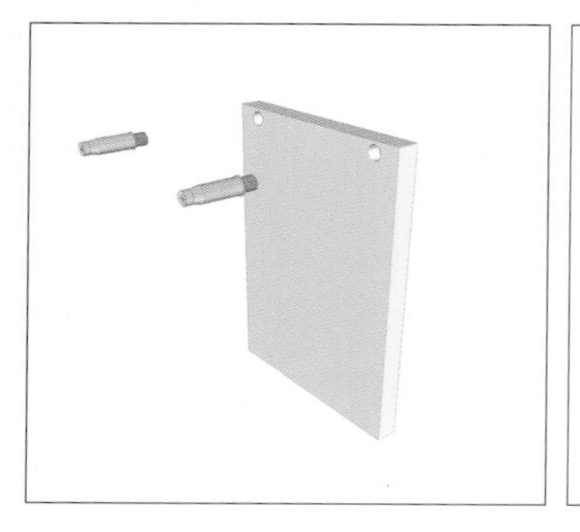

4. 将螺栓塞入预留孔

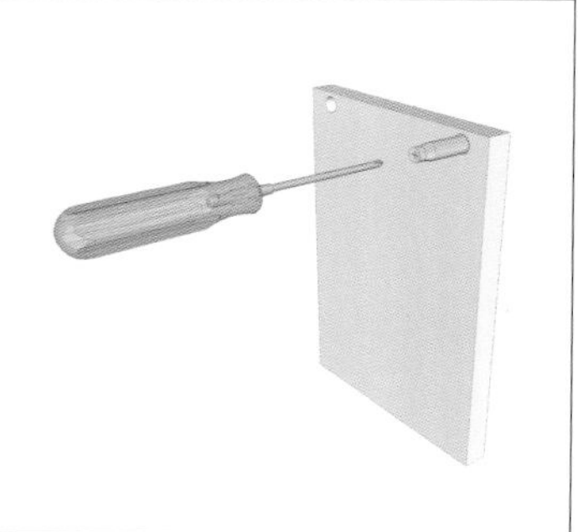

5. 用螺丝刀旋紧螺栓

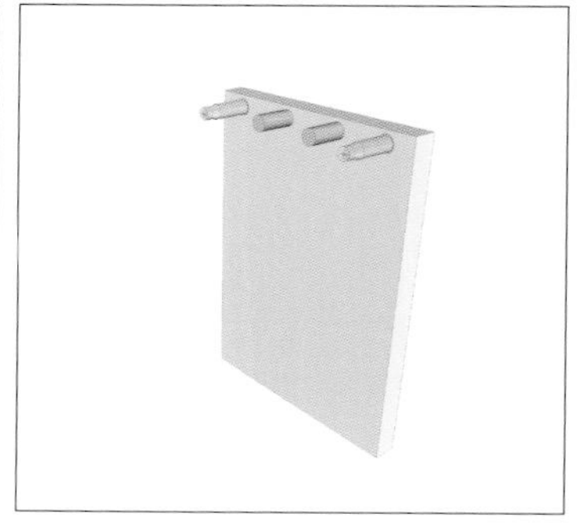

6. 加设木榫加强面板结构

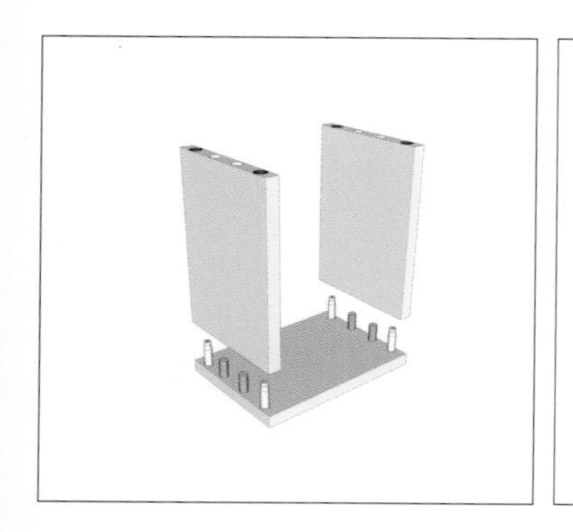

7. 孔对孔，将套件对准螺栓压入

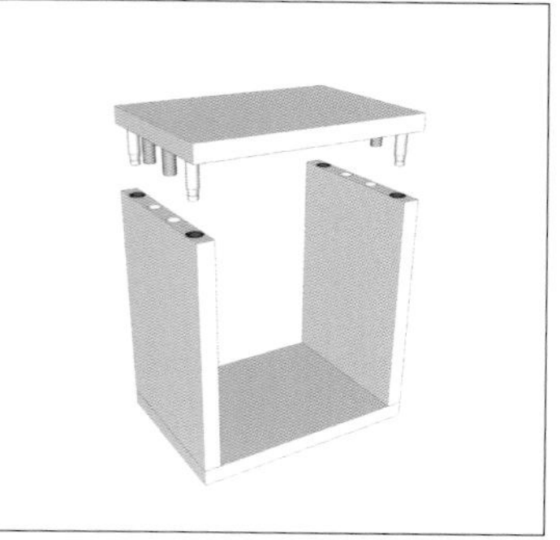

8. 同理顶部木板压入

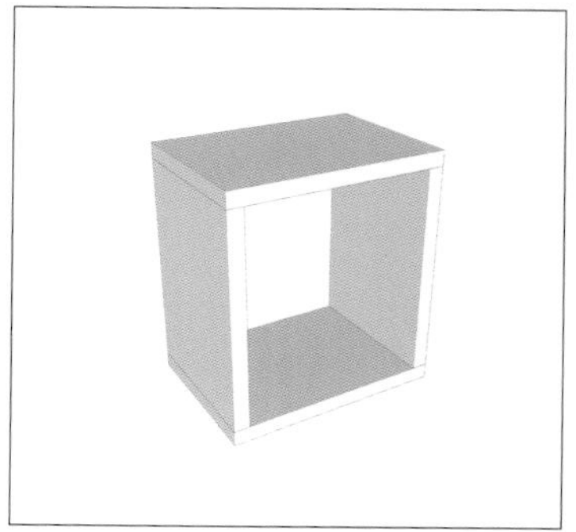

9. 二连件安装完成

家具安装 Furniture Installation

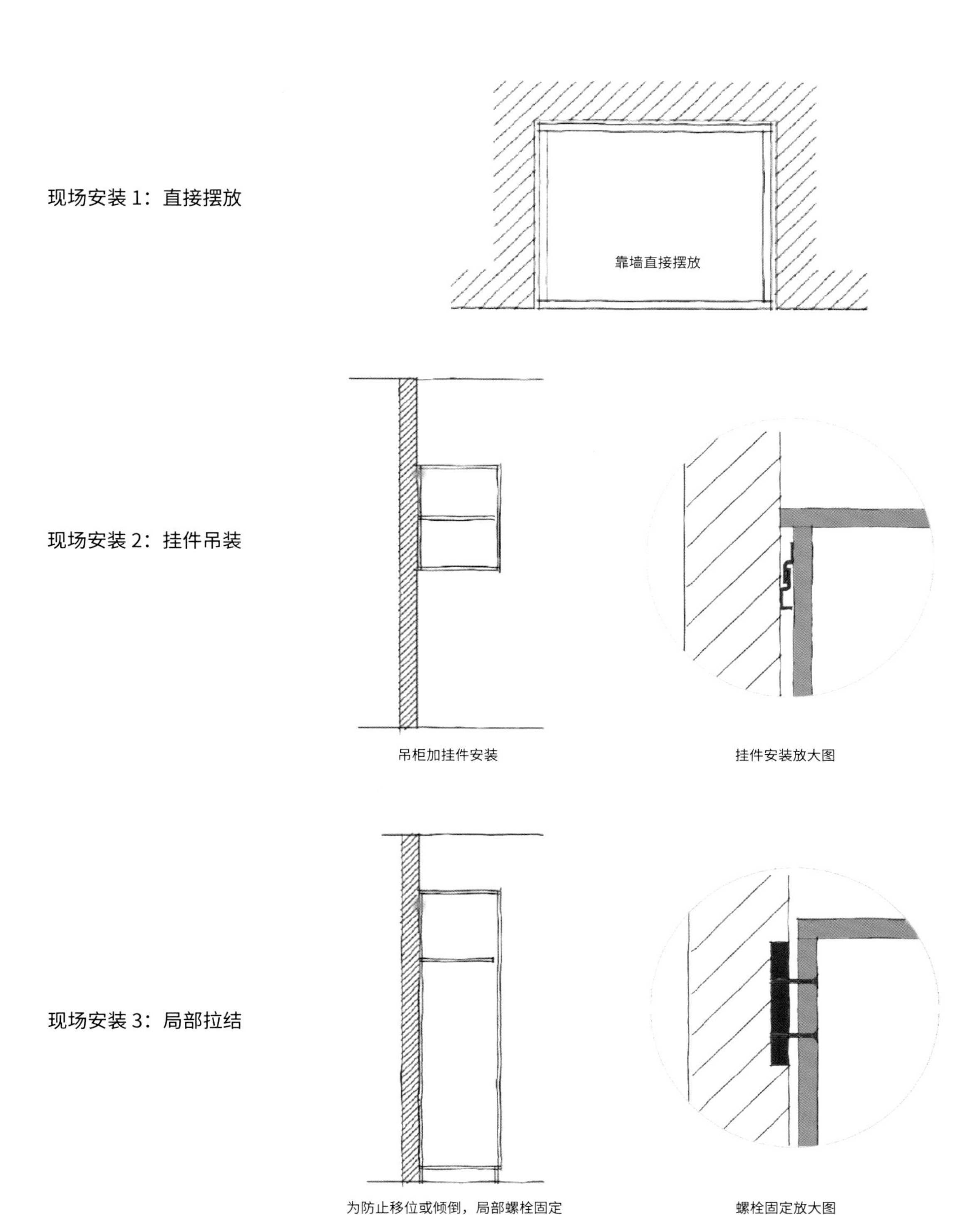

案例 1 Case 1

三维透视图 1

三维透视图 2

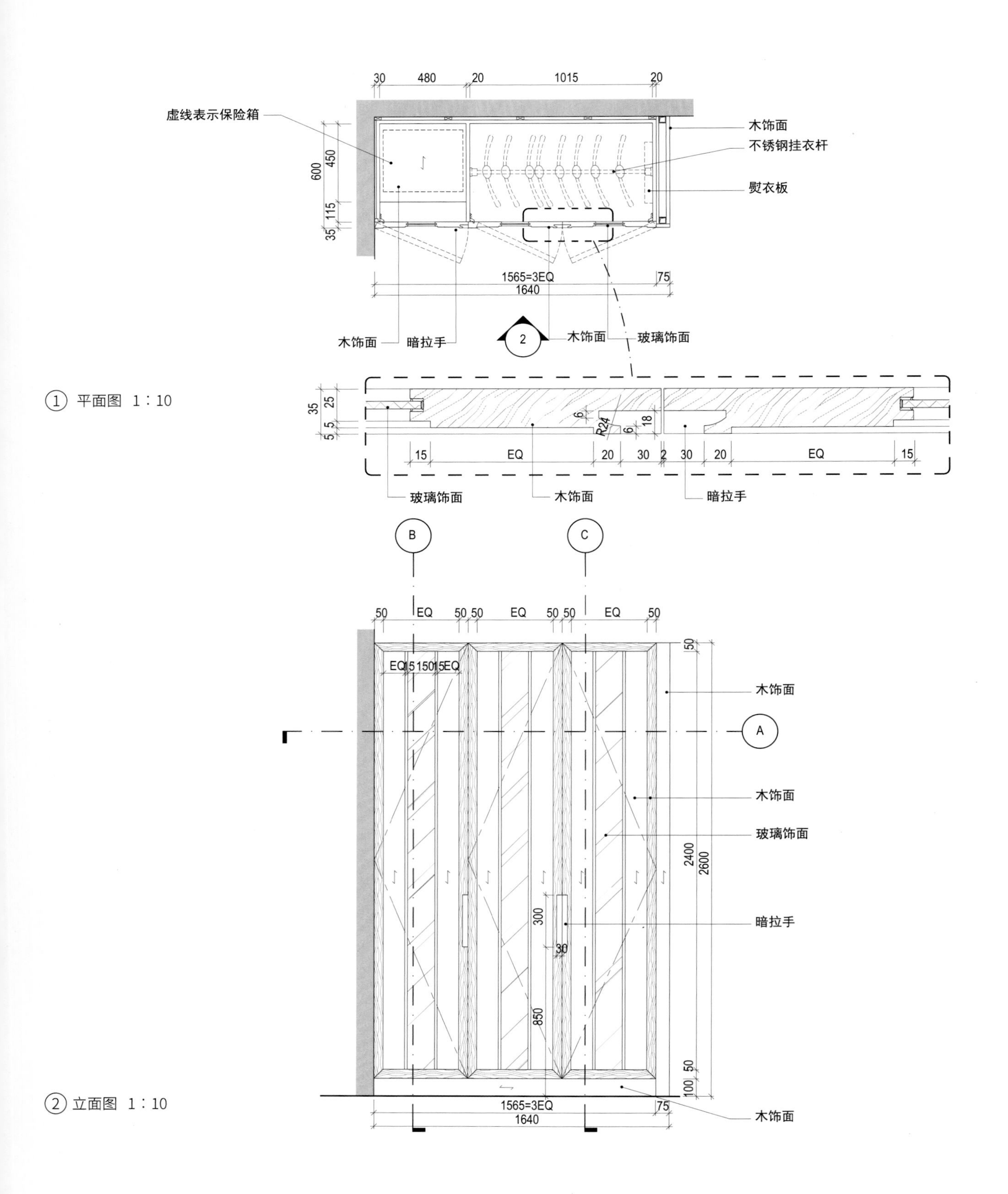

① 平面图 1：10

② 立面图 1：10

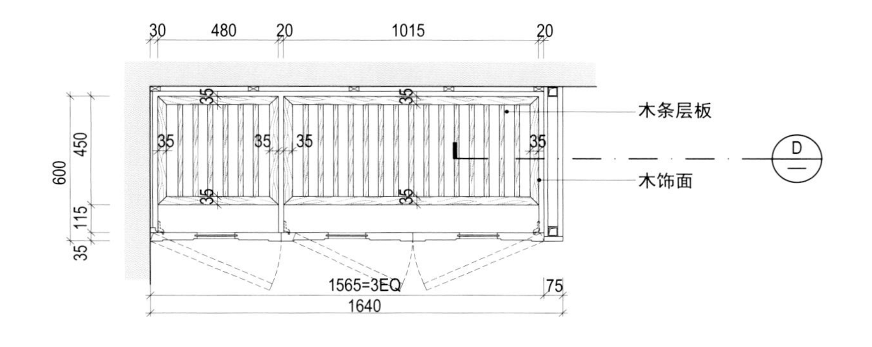

Ⓐ 剖面图 1：10

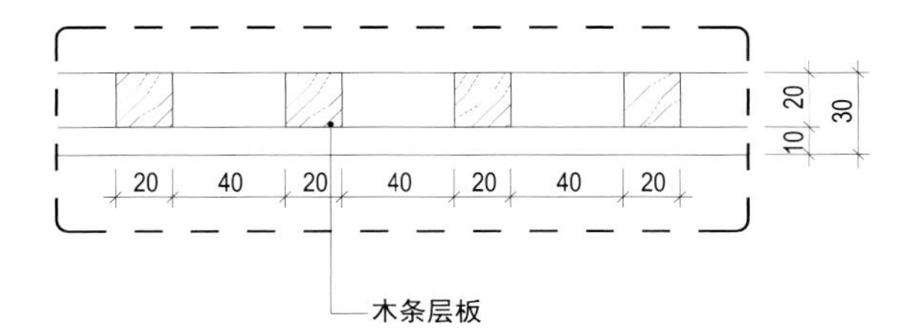

Ⓓ 剖面图 1：10

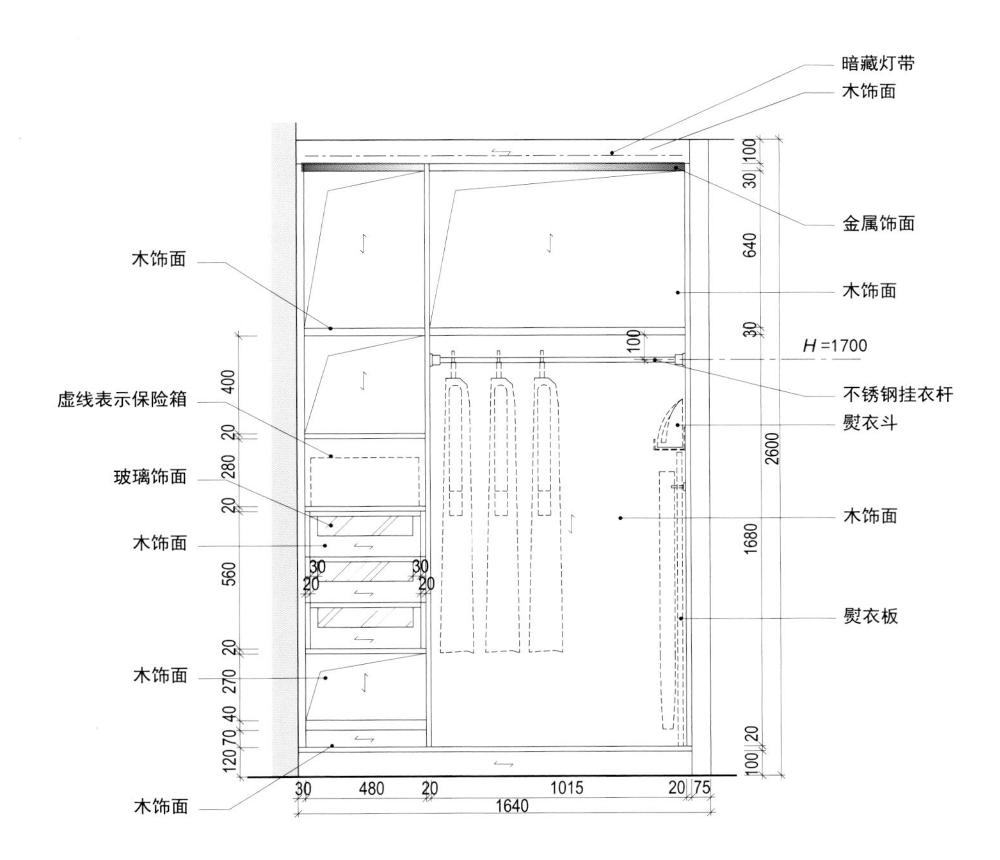

2a 内立面图 1：10

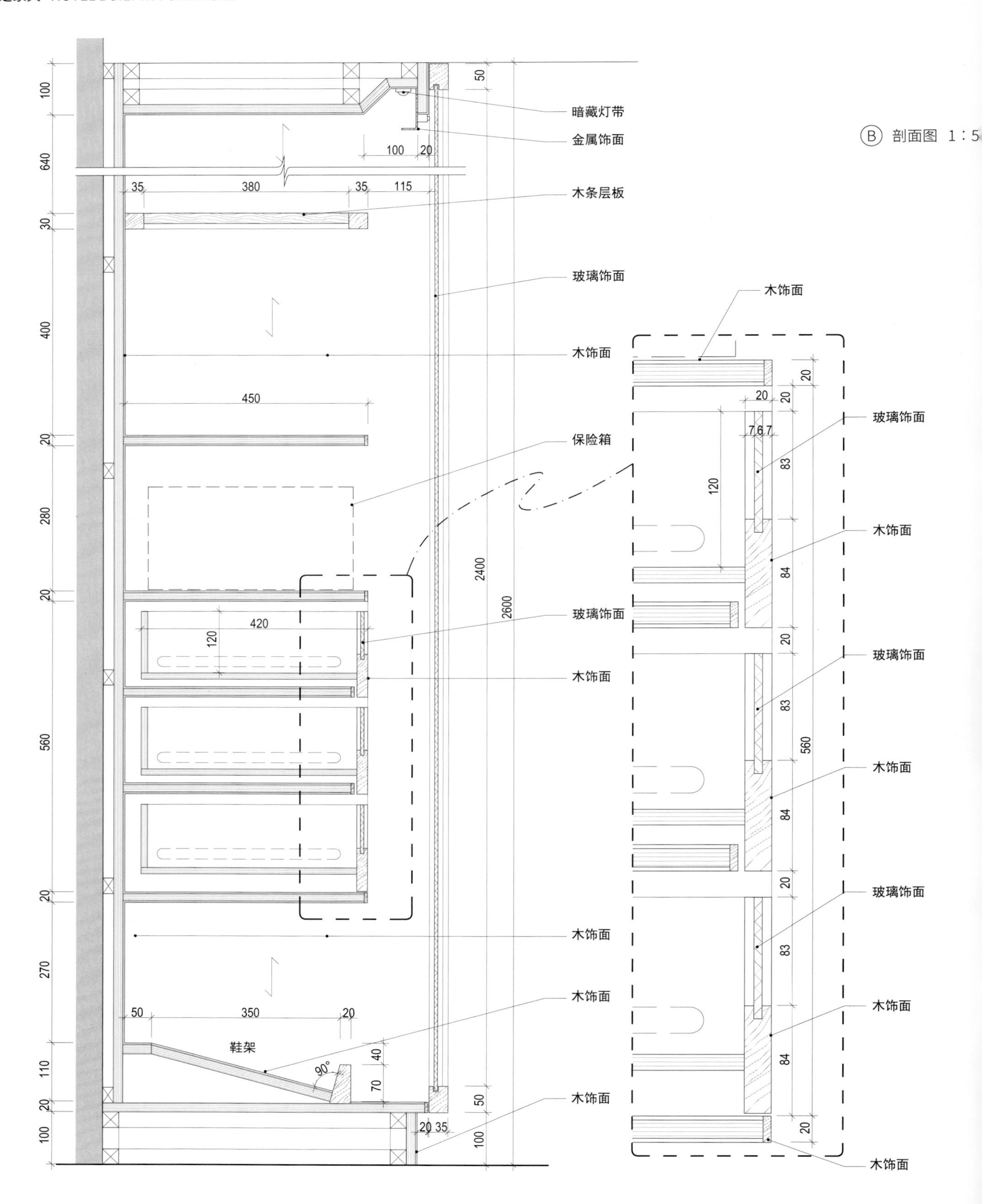
B 剖面图 1：5
暗藏灯带
金属饰面
木条层板
玻璃饰面
木饰面
保险箱
玻璃饰面
木饰面
木饰面
木饰面
鞋架
木饰面
90°
100
640
30
400
20
280
20
560
20
270
110
20
100
50
100
20
35
380
35
115
450
420
120
50
350
20
40
70
2400
2600
50
100
20 35
20
20
20
7.6.7
83
120
84
20
83
560
84
20
83
84
20

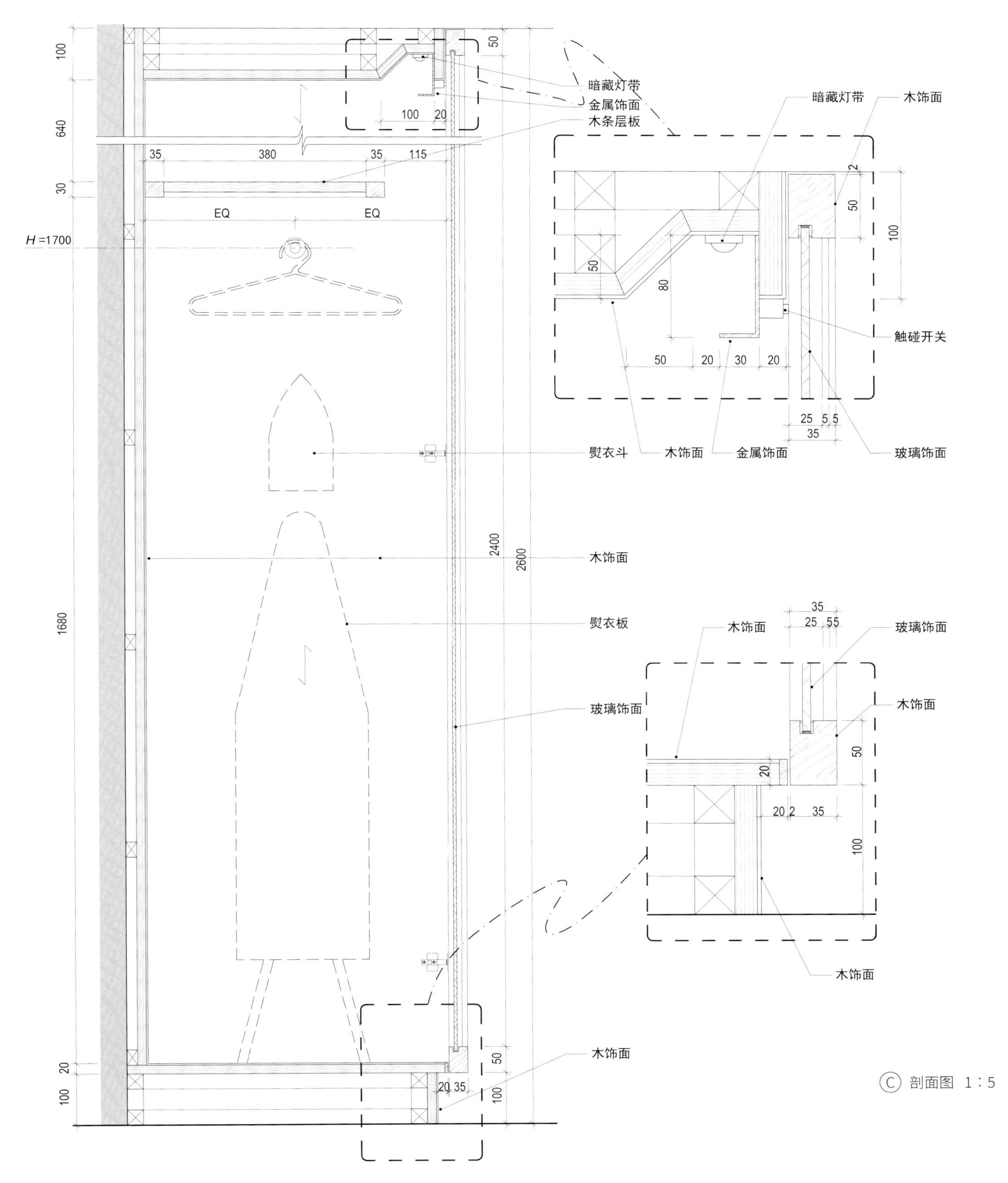

暗藏灯带
金属饰面
木条层板
木饰面
触碰开关
熨衣斗
玻璃饰面
熨衣板
H=1700
EQ
EQ
2400
2600
1680

Ⓒ 剖面图 1∶5

案例 2 Case 2

三维透视图 1

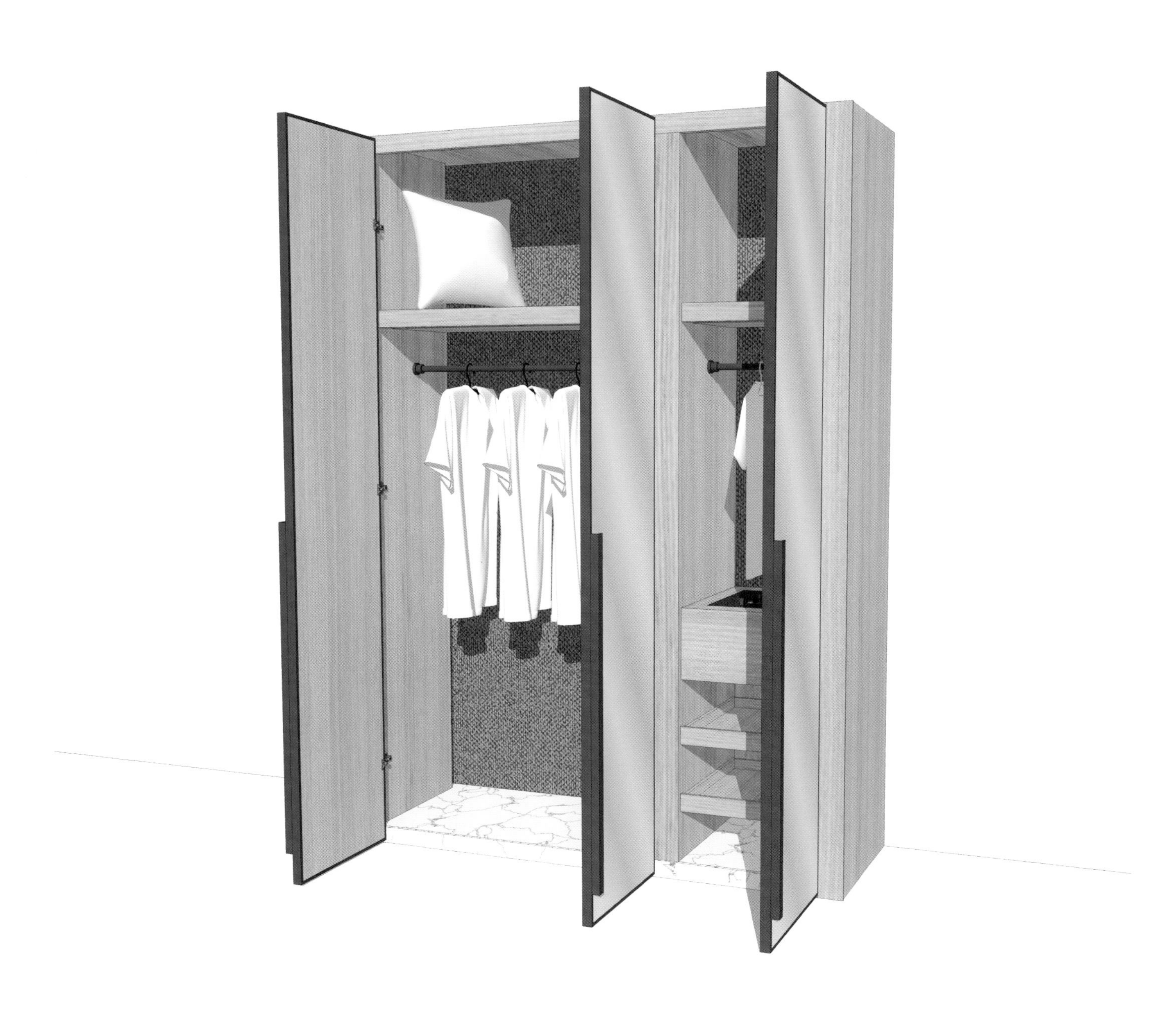

三维透视图 2

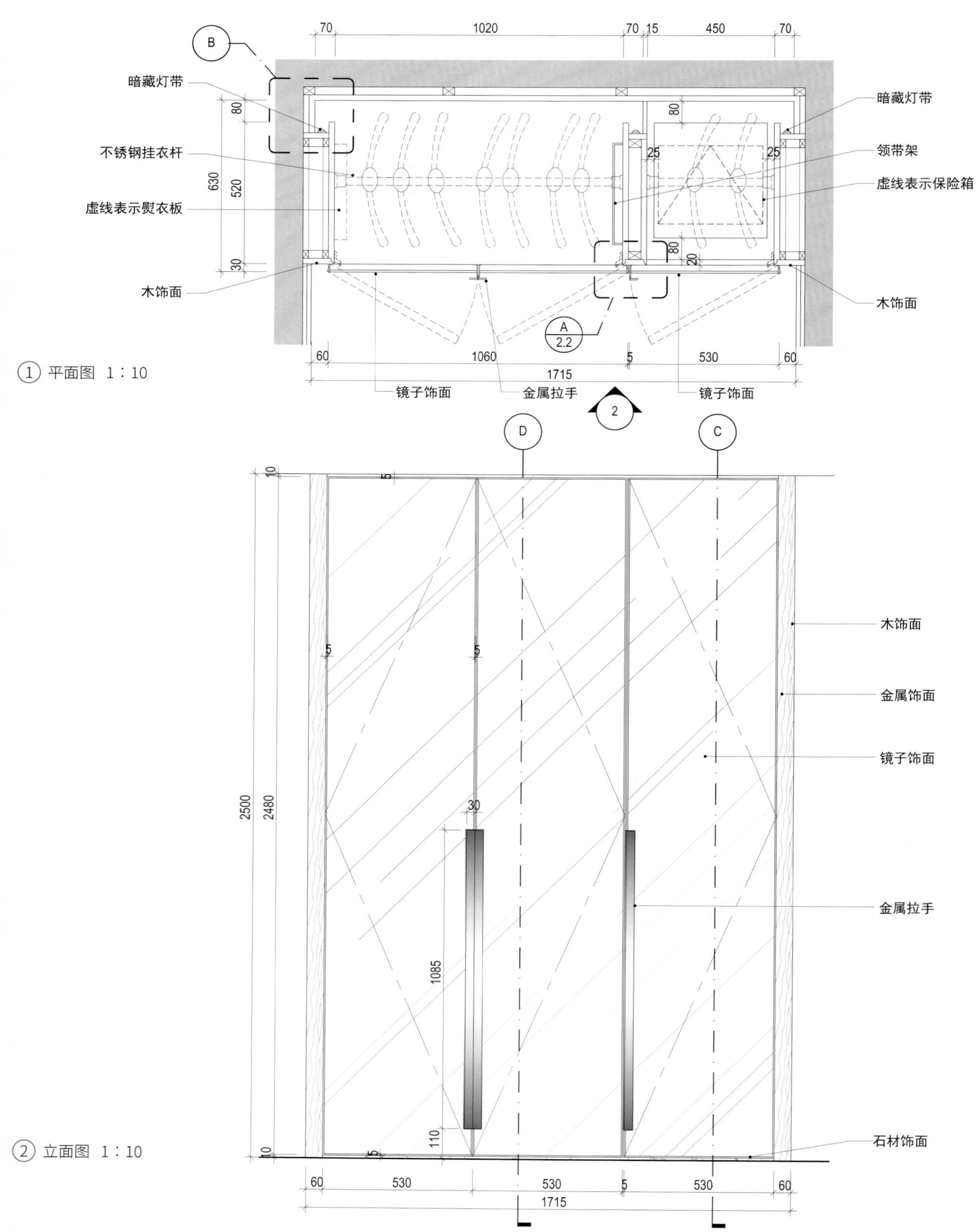
暗藏灯带
不锈钢挂衣杆
虚线表示熨衣板
木饰面
领带架
虚线表示保险箱
镜子饰面
金属拉手
① 平面图 1：10
金属饰面
石材饰面
② 立面图 1：10

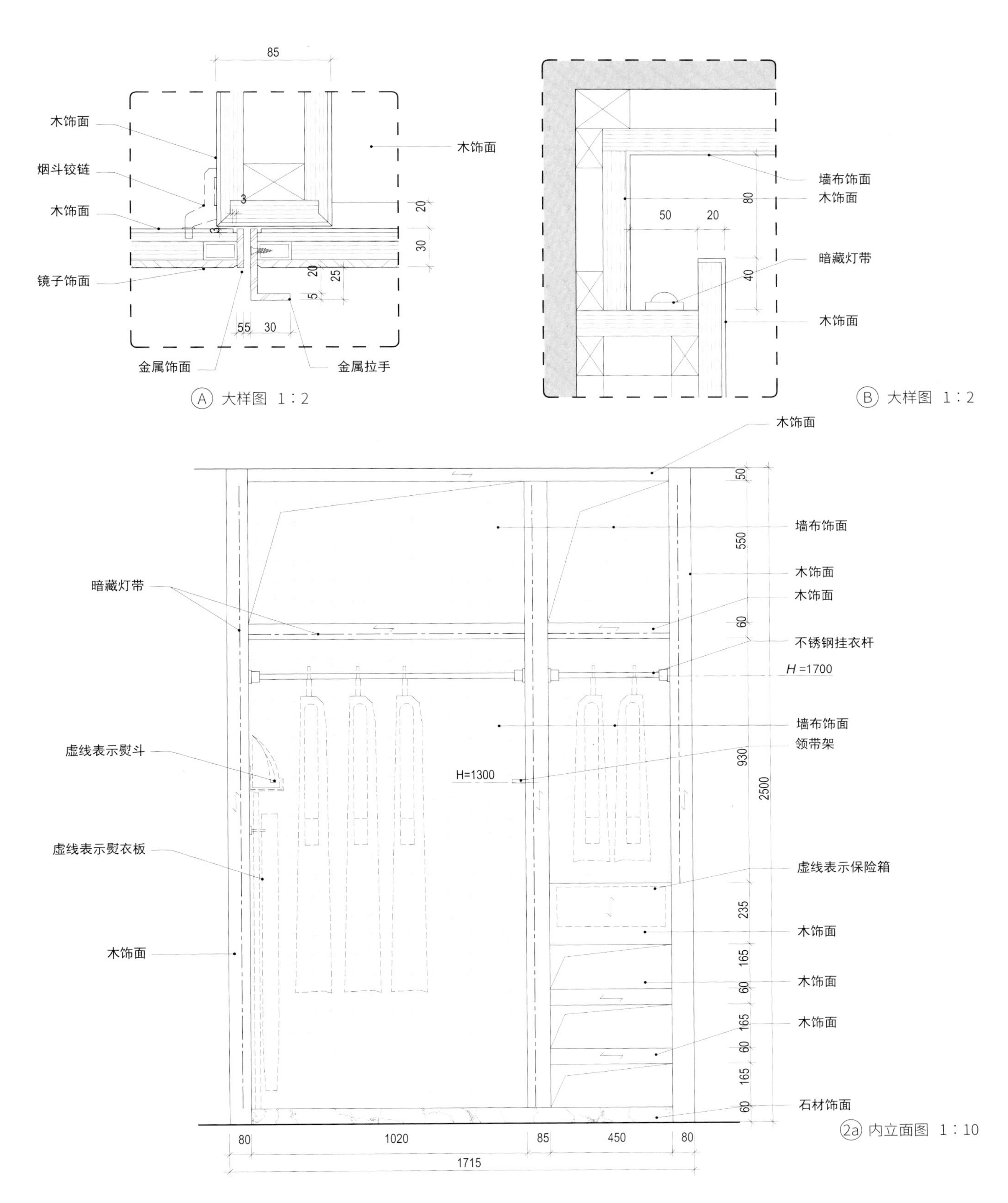
85
木饰面
烟斗铰链
木饰面
镜子饰面
木饰面
20
30
20
25
5
55
30
金属饰面
金属拉手
Ⓐ 大样图 1：2
墙布饰面
木饰面
80
50
20
暗藏灯带
40
木饰面
Ⓑ 大样图 1：2
木饰面
50
墙布饰面
550
木饰面
暗藏灯带
木饰面
60
不锈钢挂衣杆
H =1700
墙布饰面
领带架
虚线表示熨斗
H=1300
930
2500
虚线表示熨衣板
虚线表示保险箱
235
木饰面
165
木饰面
木饰面
60
165
木饰面
60
165
石材饰面
60
80
1020
85
450
80
1715

2a 内立面图 1：10

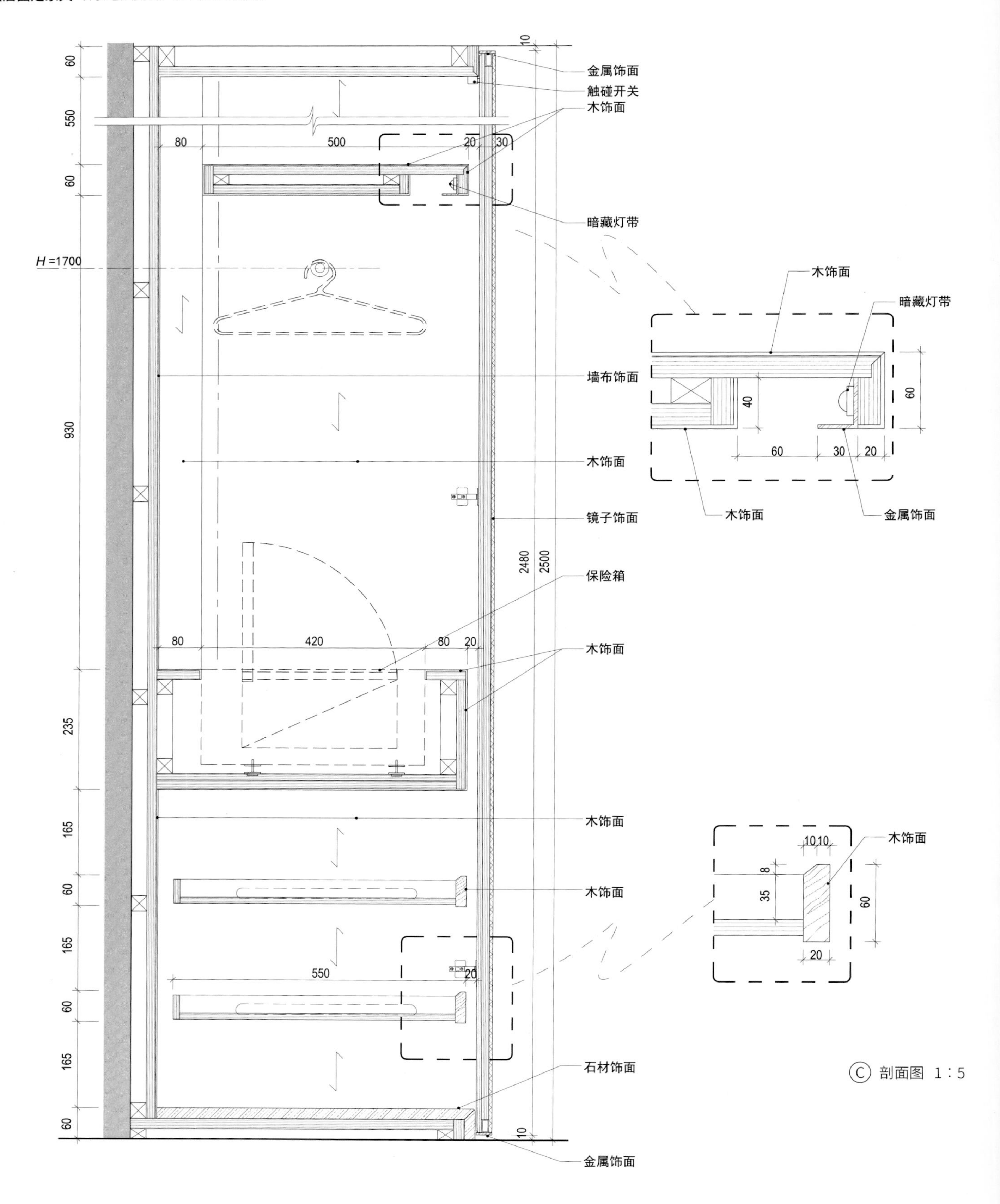

金属饰面
触碰开关
木饰面
暗藏灯带
H =1700
墙布饰面
木饰面
镜子饰面
保险箱
木饰面
木饰面
木饰面
石材饰面
金属饰面
木饰面
暗藏灯带
木饰面
金属饰面
木饰面
60
550
60
930
235
165
60
165
60
165
60
80
500
20
30
80
420
80
20
550
20
2480
2500
10
10
40
60
60
30
20
10 10
8
35
60
20

Ⓒ 剖面图 1：5

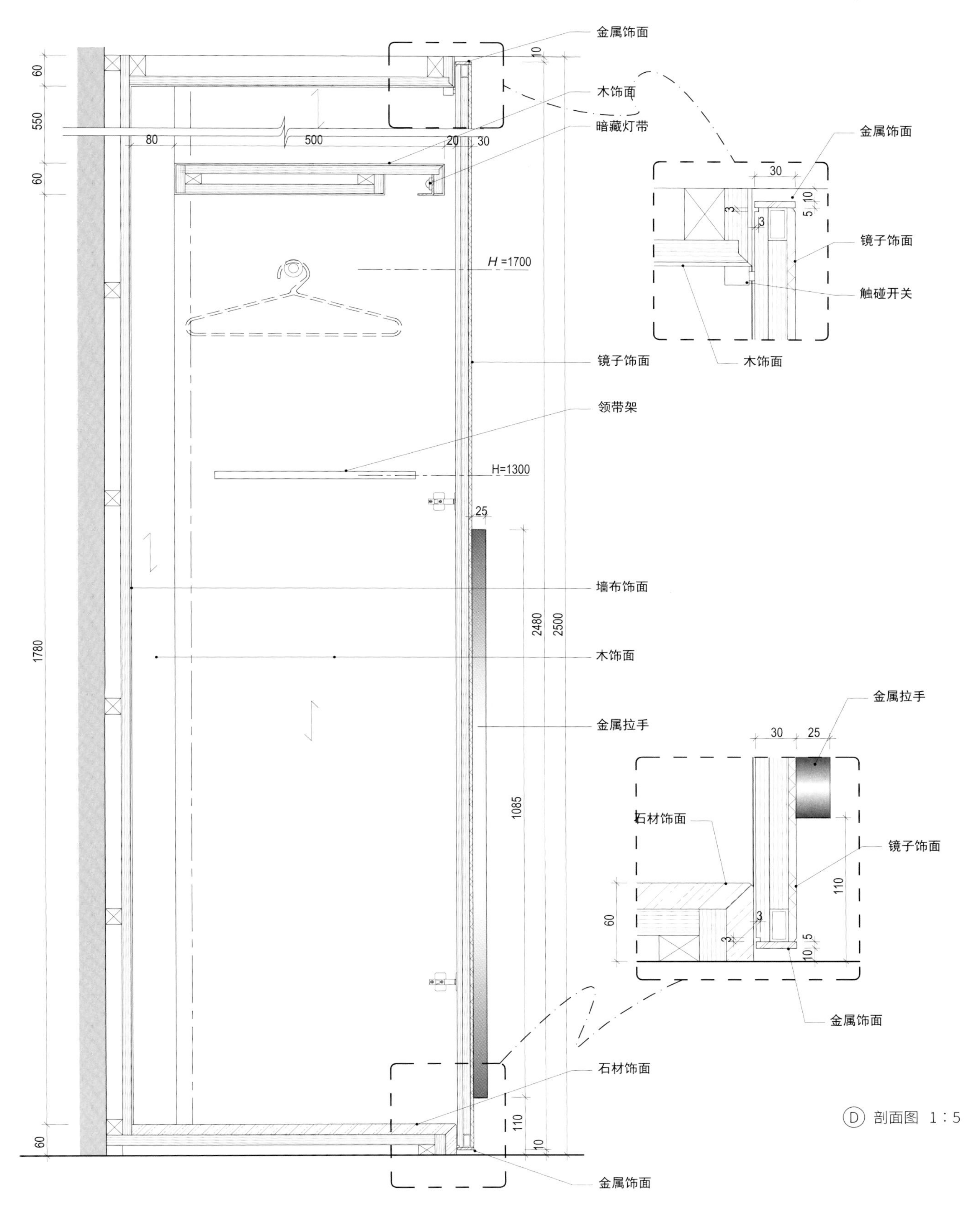

金属饰面
木饰面
暗藏灯带
镜子饰面
领带架
墙布饰面
木饰面
金属拉手
石材饰面
金属饰面
H=1700
H=1300
60
550
60
1780
60
80
500
20
30
10
25
2480
2500
1085
110
10
金属饰面
镜子饰面
触碰开关
木饰面
30
5
10
3
3
金属拉手
30
25
石材饰面
镜子饰面
110
60
3
3
5
10
金属饰面

Ⓓ 剖面图 1：5

案例 3 Case 3

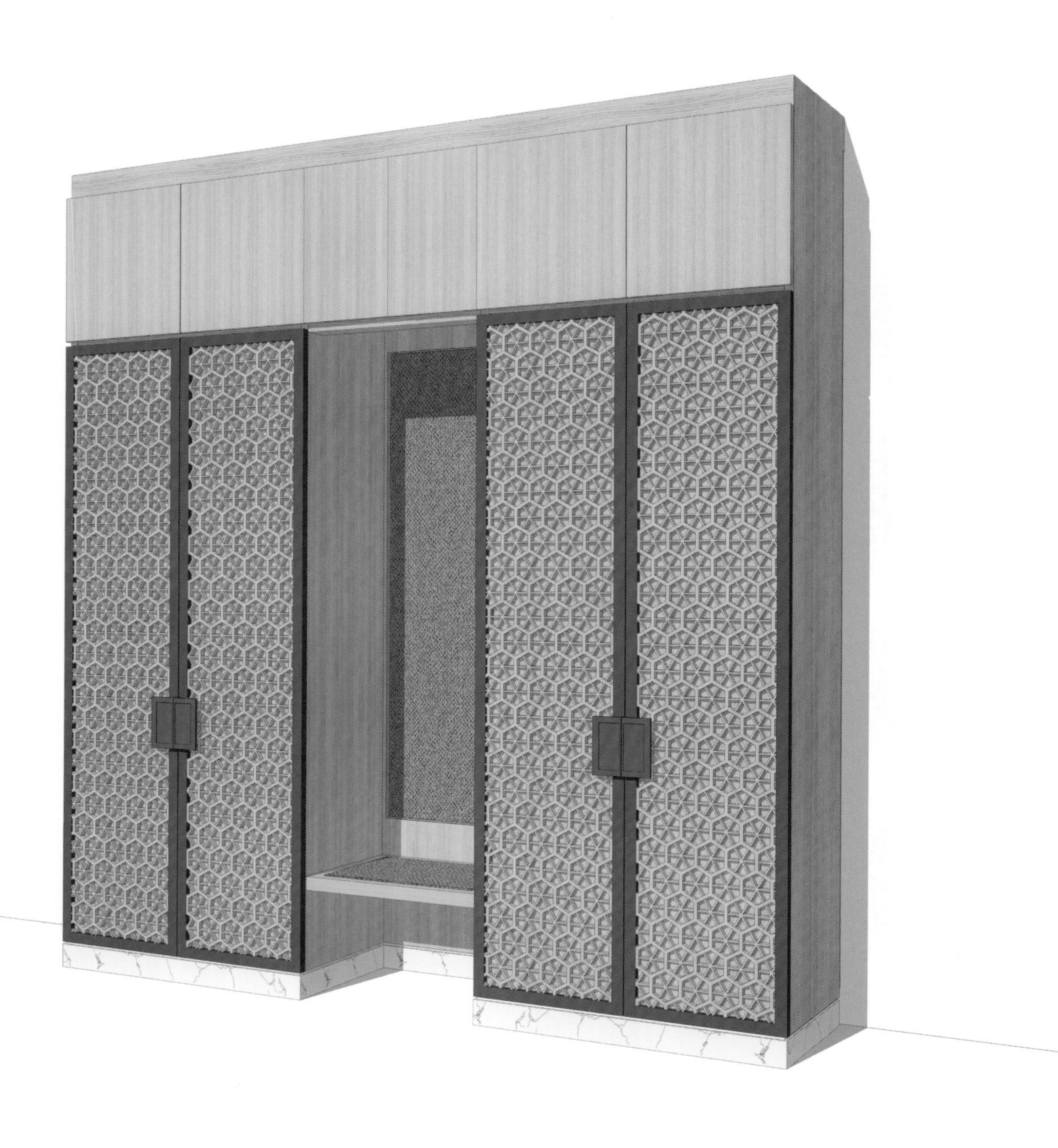

三维透视图 1

三维透视图 2

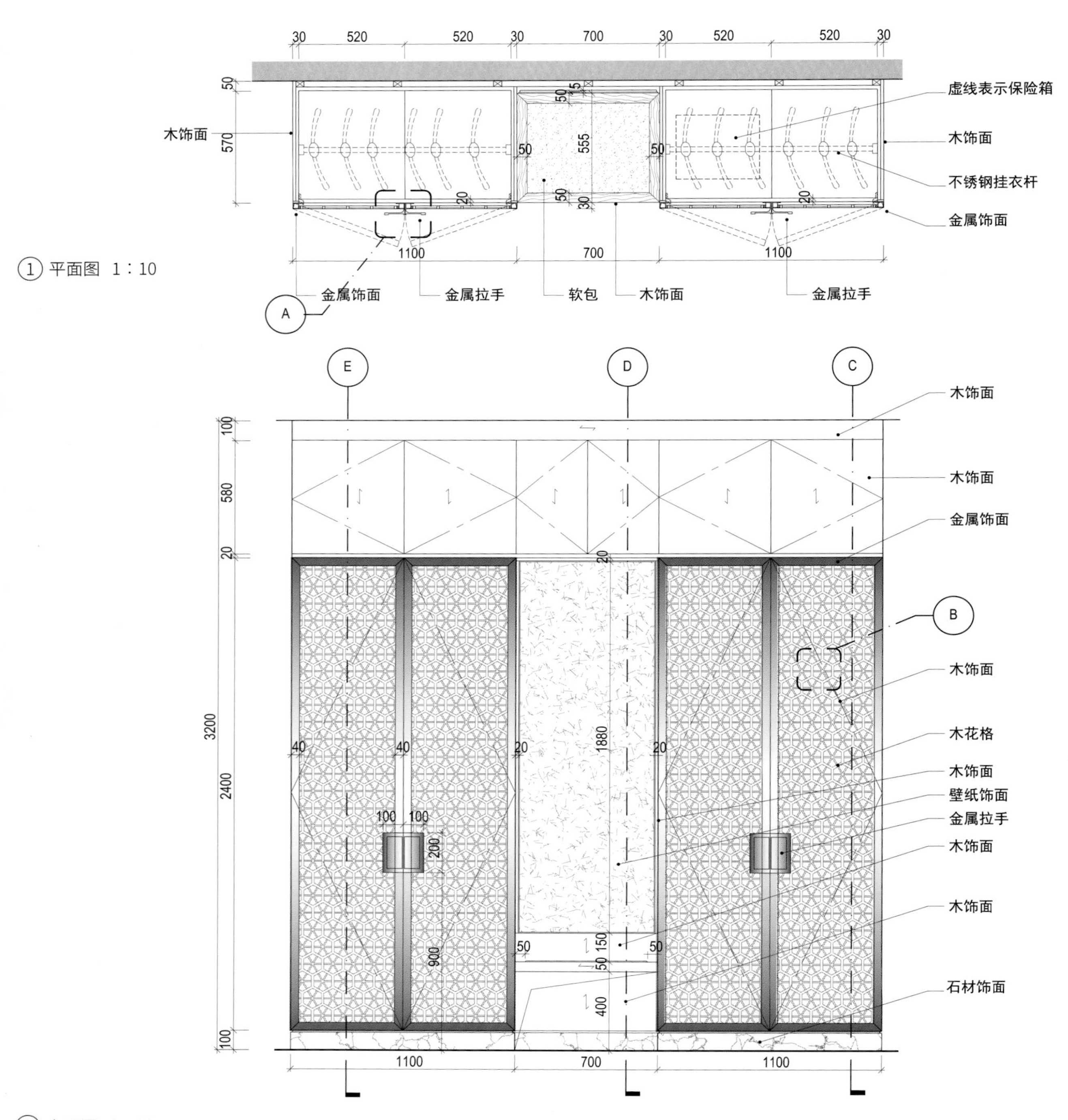

① 平面图 1：10

② 立面图 1：10

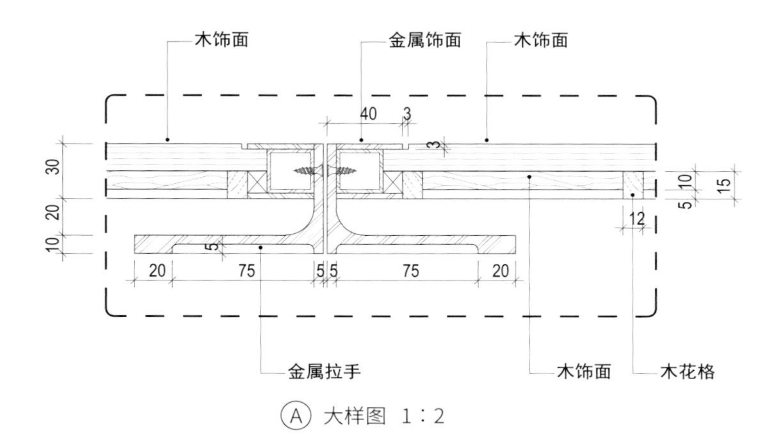

Ⓐ 大样图 1：2

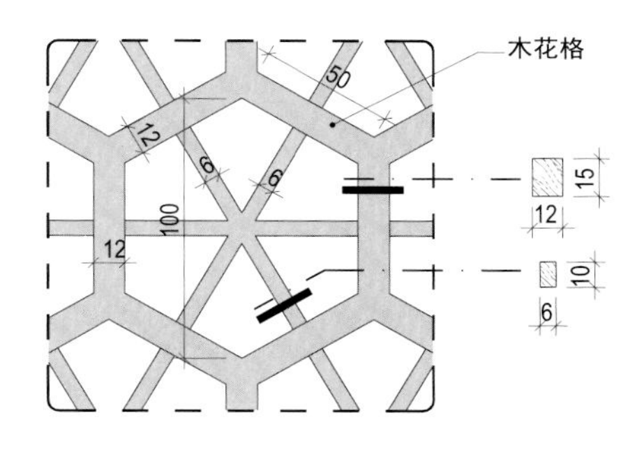

Ⓑ 大样图 1：2

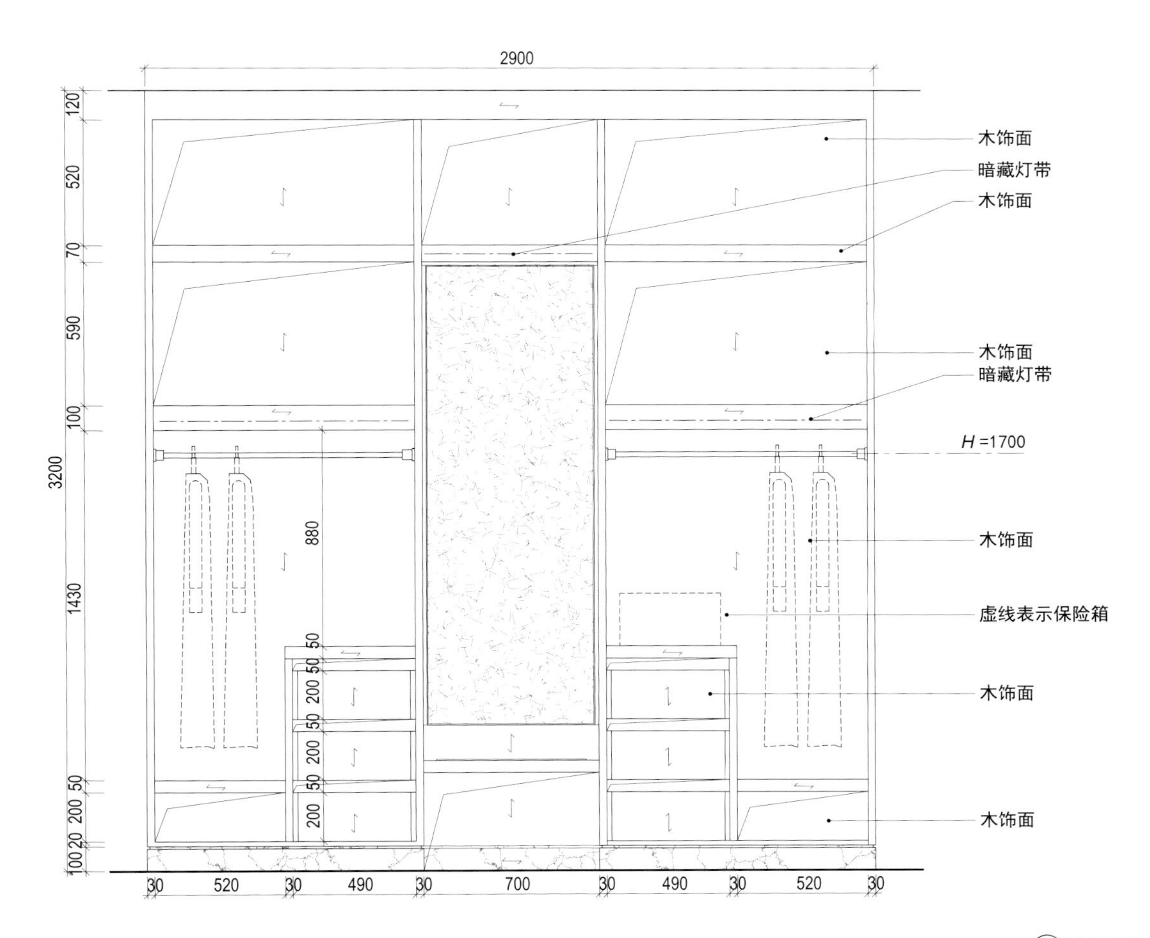

②a 内立面图 1：10

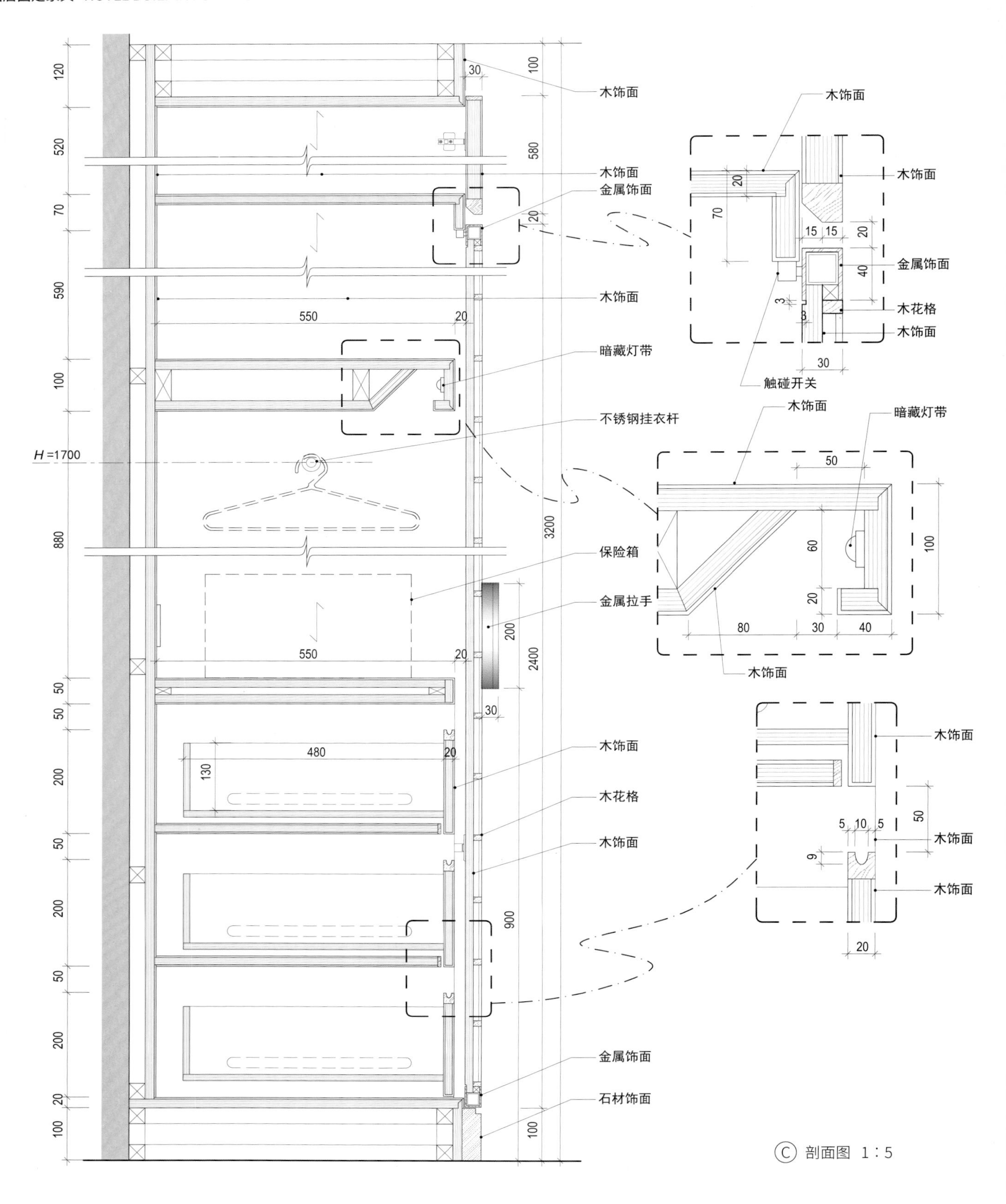

木饰面
木饰面
金属饰面
木饰面
暗藏灯带
不锈钢挂衣杆
H =1700
保险箱
金属拉手
木饰面
木花格
木饰面
金属饰面
石材饰面
木饰面
木饰面
金属饰面
木花格
木饰面
触碰开关
木饰面
暗藏灯带
木饰面
木饰面
木饰面
木饰面

Ⓒ 剖面图 1：5

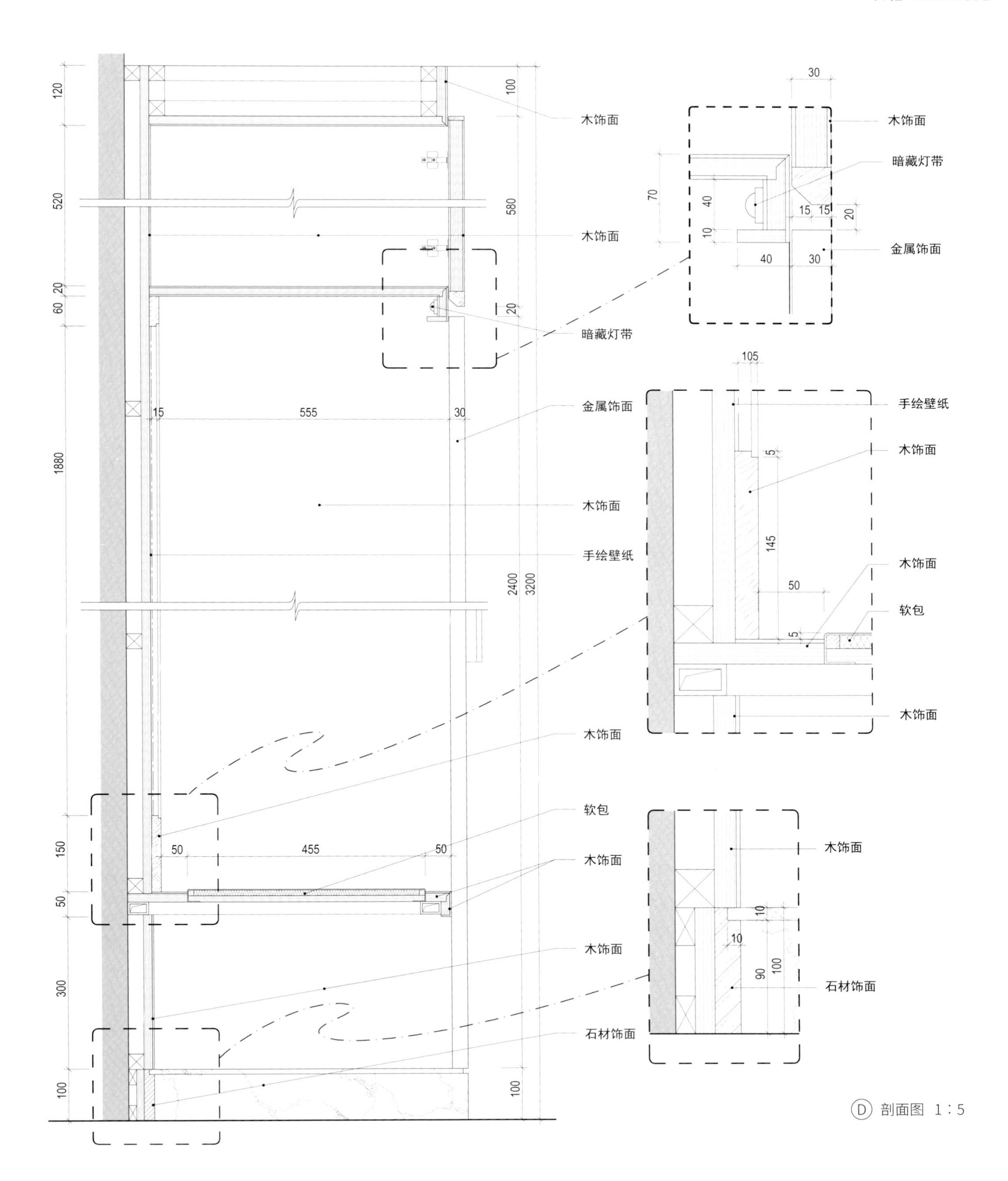

木饰面
暗藏灯带
金属饰面
木饰面
手绘壁纸
软包
石材饰面
120
520
20
60
1880
150
50
300
100
100
580
20
2400
3200
15
555
30
50
455
50
30
70
40
10
15
15
20
40
30
105
5
145
50
5
10
10
90
100

Ⓓ 剖面图 1：5

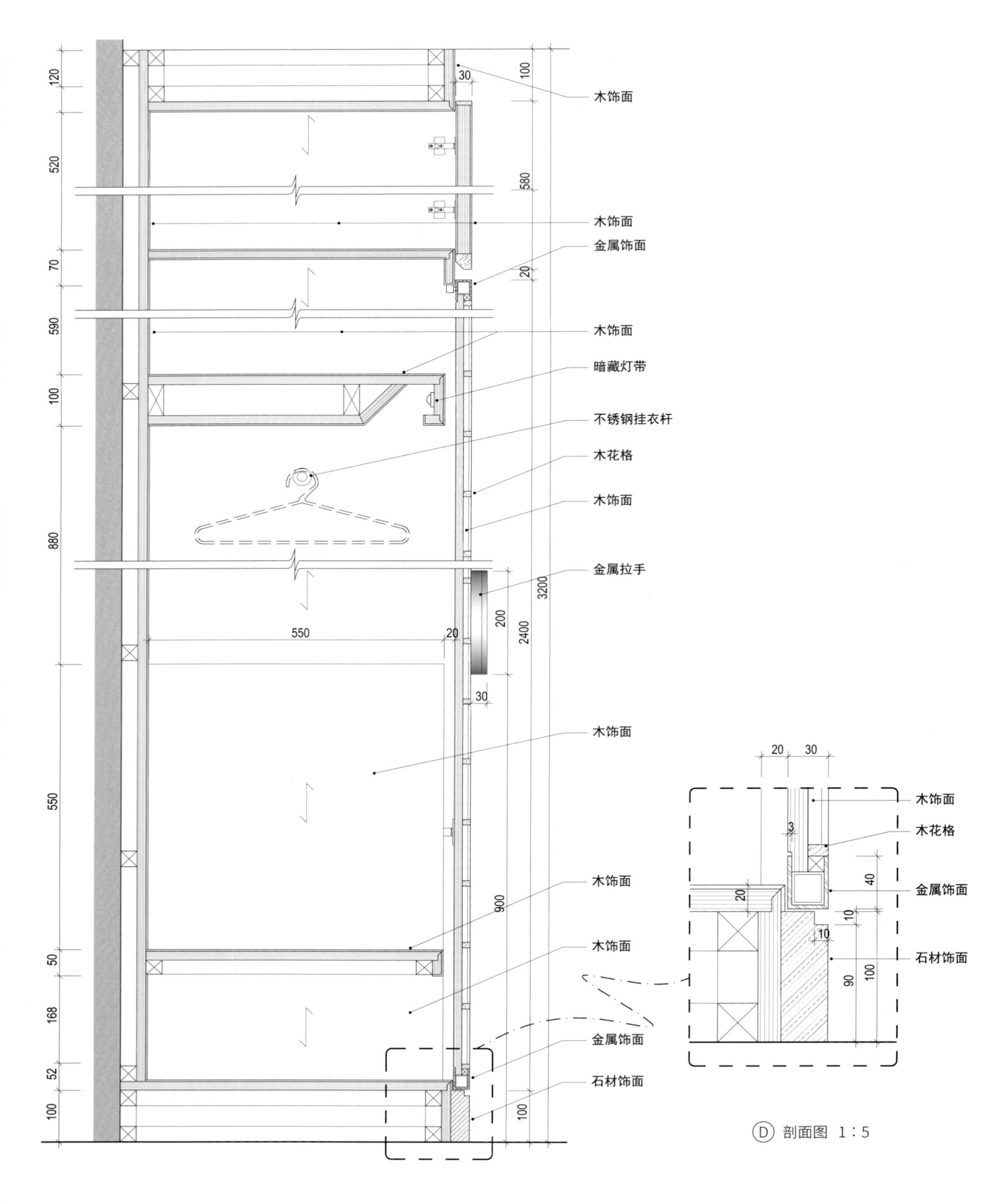
木饰面
木饰面
金属饰面
木饰面
暗藏灯带
不锈钢挂衣杆
木花格
木饰面
金属拉手
木饰面
木饰面
木饰面
金属饰面
石材饰面
120
520
70
590
100
880
550
50
168
52
100
30
100
580
20
3200
200
2400
550
20
30
900
100
20
30
木饰面
木花格
3
金属饰面
40
20
10
10
石材饰面
90
100

Ⓓ 剖面图 1：5

案例 4 Case 4

三维透视图 1

三维透视图 2

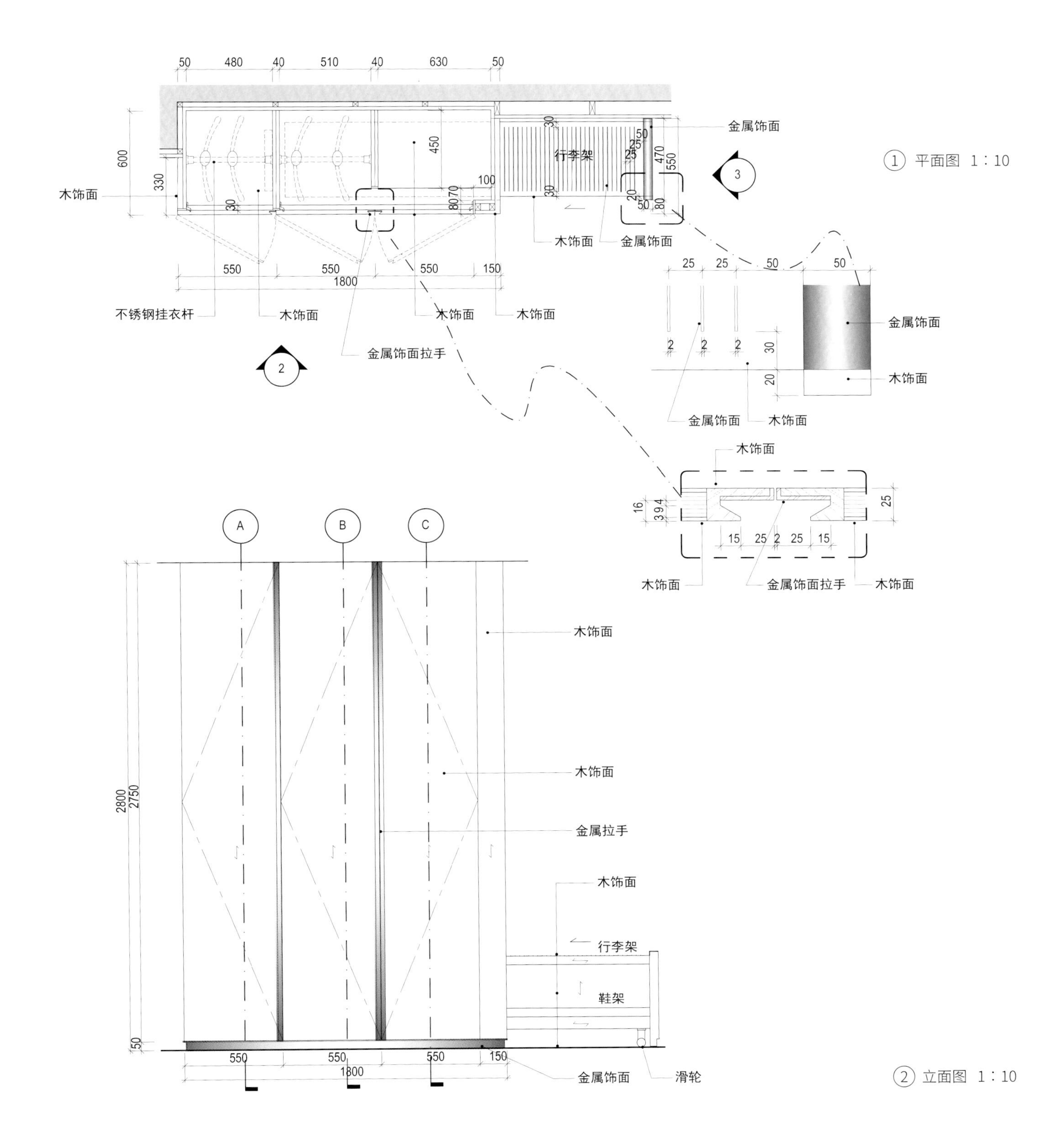

① 平面图 1：10

② 立面图 1：10

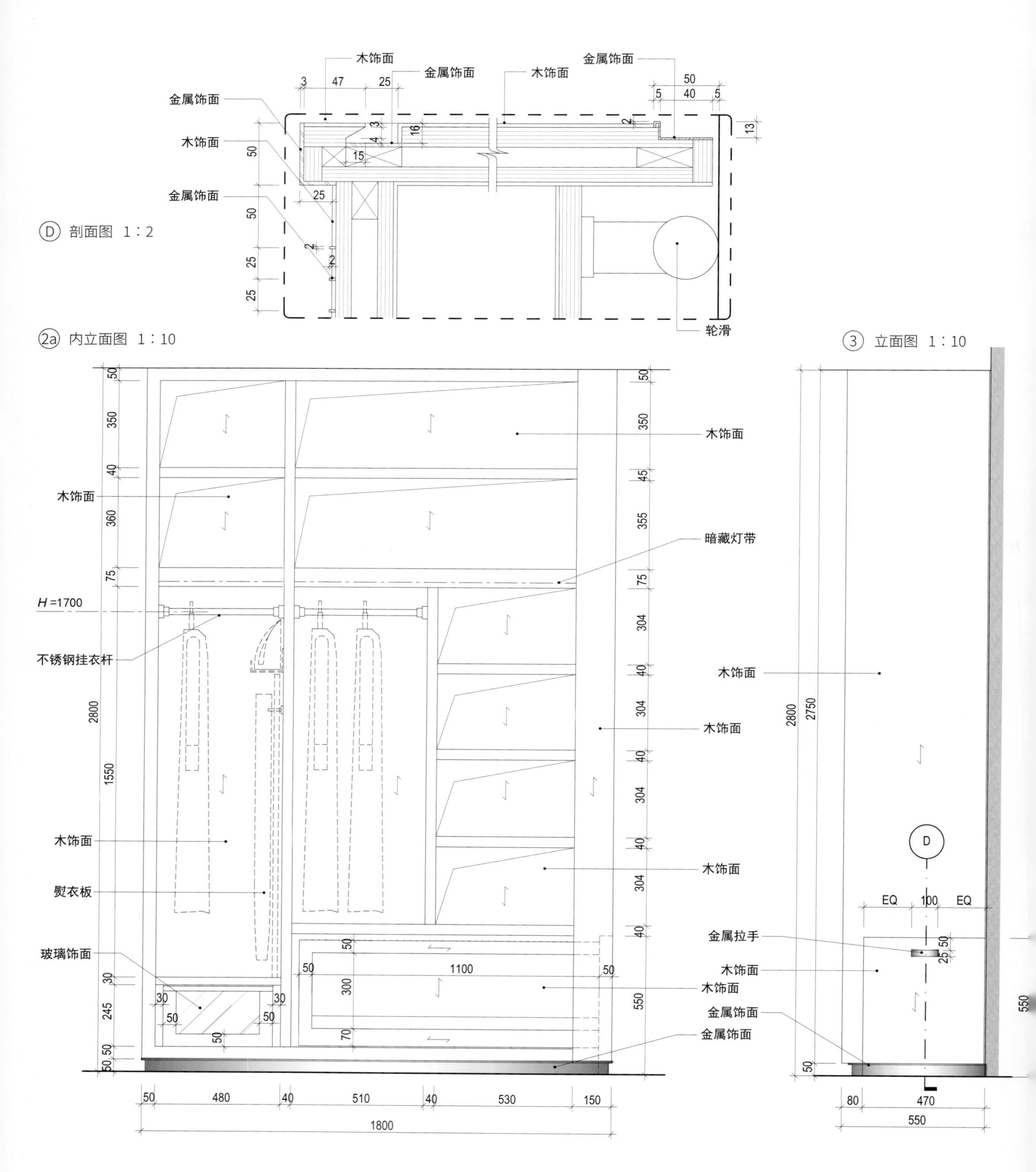
木饰面
金属饰面
木饰面
金属饰面
金属饰面
木饰面
金属饰面
D 剖面图 1：2
轮滑
2a 内立面图 1：10
木饰面
暗藏灯带
H =1700
不锈钢挂衣杆
木饰面
木饰面
熨衣板
木饰面
玻璃饰面
木饰面
金属饰面
1800
3 立面图 1：10
木饰面
金属拉手
木饰面
金属饰面
550

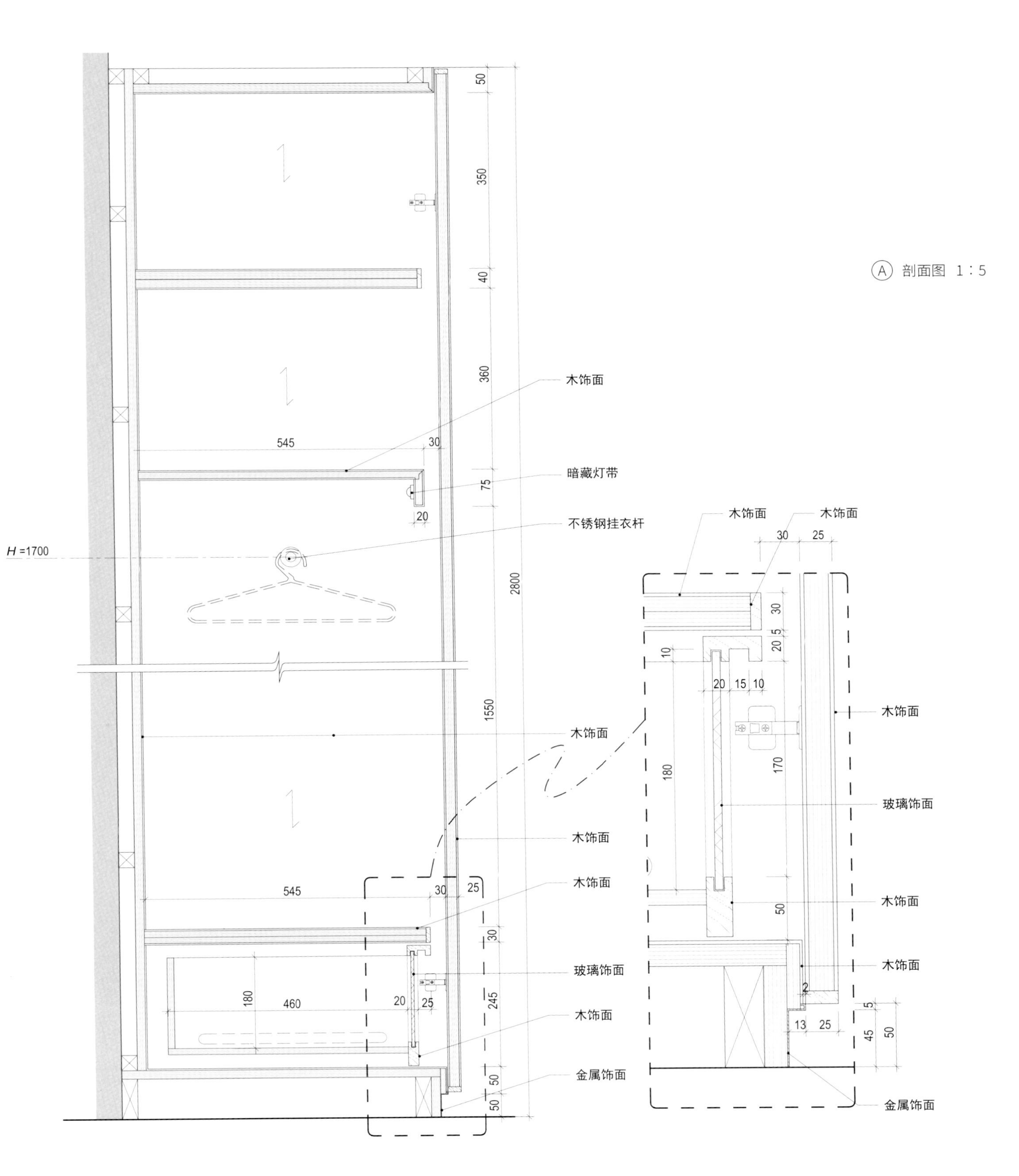

Ⓐ 剖面图 1：5
木饰面
暗藏灯带
不锈钢挂衣杆
H =1700
木饰面
木饰面
木饰面
玻璃饰面
木饰面
金属饰面
木饰面
木饰面
木饰面
玻璃饰面
木饰面
木饰面
金属饰面
50
350
40
360
545
30
75
20
2800
1550
545
30
25
30
180
460
20
25
245
50
50
30
25
30
5
20
10
20
15
10
180
170
50
2
5
45
50
13
25

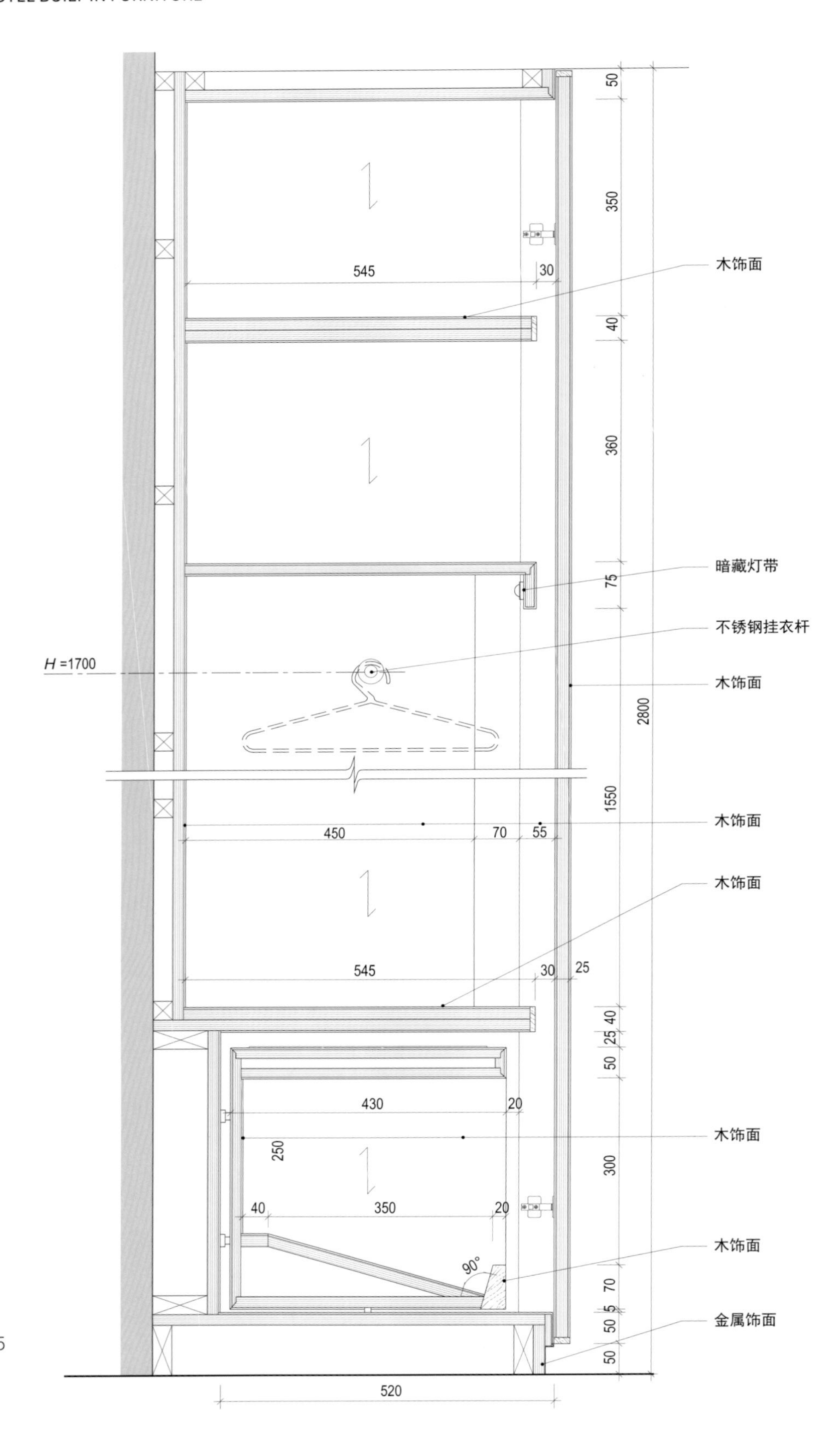

50
350
545
30
木饰面
40
360
75
暗藏灯带
不锈钢挂衣杆
H =1700
木饰面
2800
1550
450
70
55
木饰面
木饰面
545
30
25
40
25
50
430
20
250
木饰面
300
40
350
20
木饰面
90°
70
5
50
金属饰面
50
520

Ⓑ 剖面图 1：5

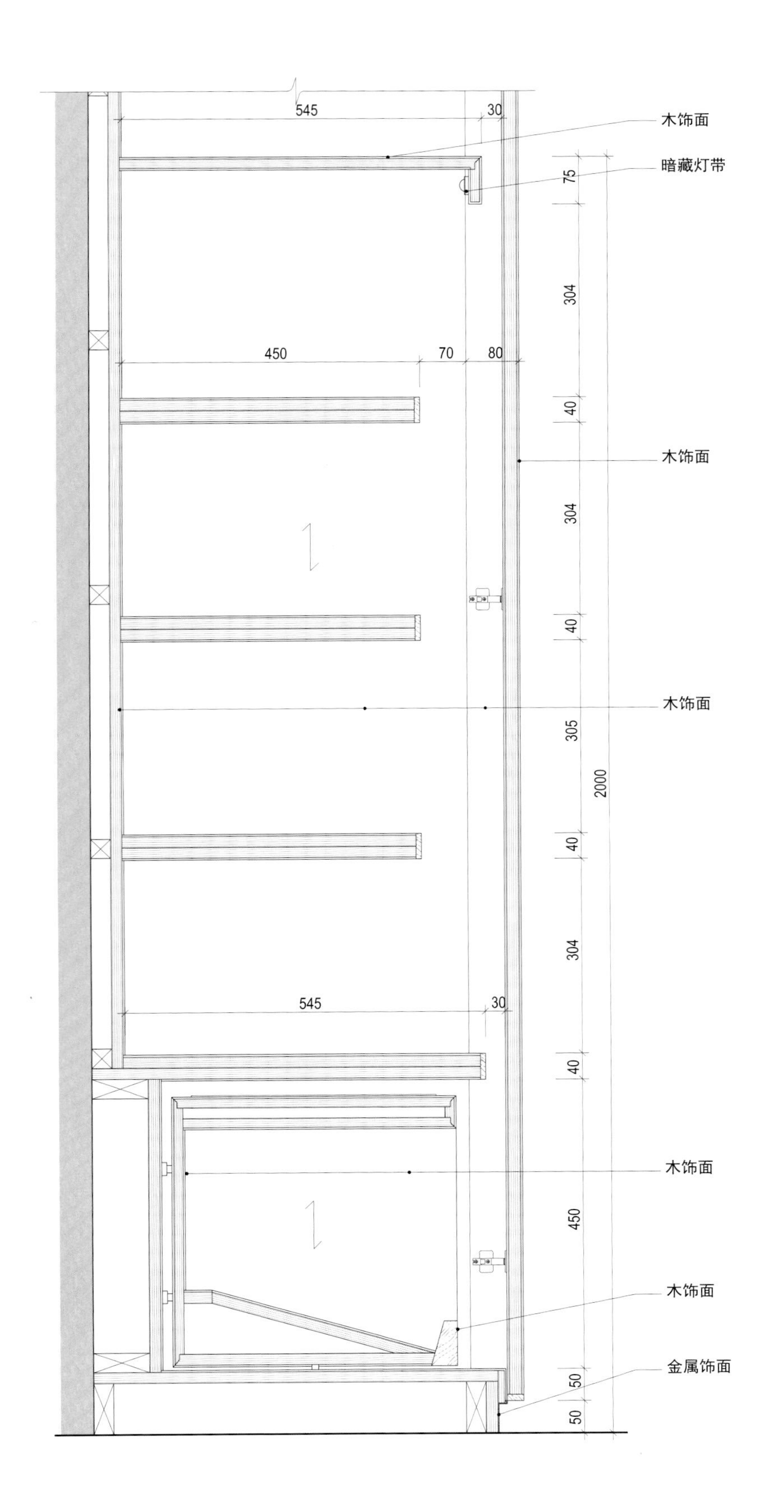
545
30
木饰面
暗藏灯带
75
304
450
70
80
40
木饰面
304
40
木饰面
305
2000
40
304
545
30
40
木饰面
450
木饰面
金属饰面
50
50

Ⓒ 剖面图 1：5

案例 5 Case 5

三维透视图 1

三维透视图 2

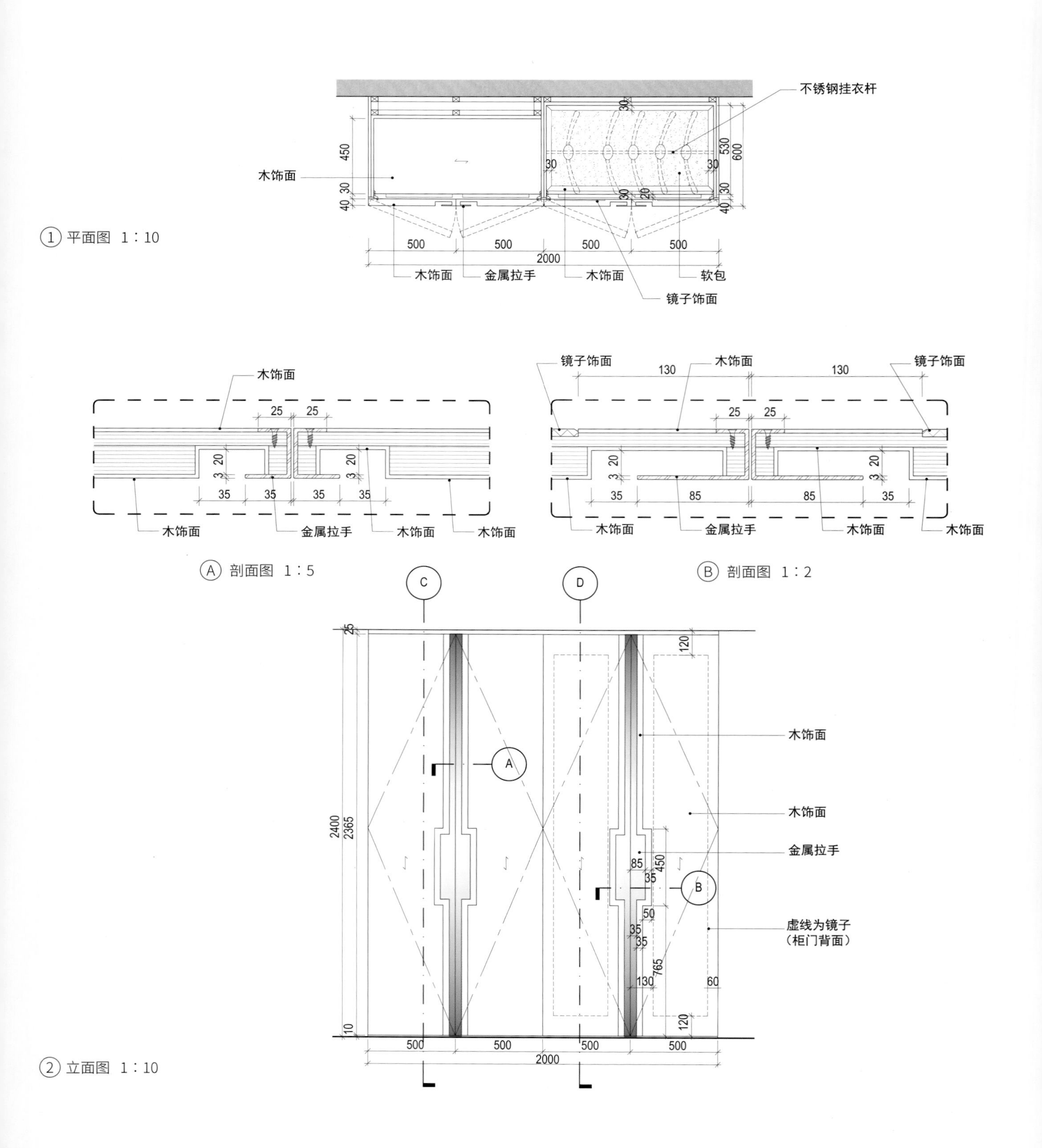

不锈钢挂衣杆
木饰面
30
450
530
600
30
40
500
500
500
500
2000
木饰面
金属拉手
木饰面
软包
镜子饰面
① 平面图 1：10
木饰面
25
25
20
3
35
35
35
35
木饰面
金属拉手
木饰面
木饰面
Ⓐ 剖面图 1：5
镜子饰面
130
木饰面
130
镜子饰面
85
85
木饰面
金属拉手
木饰面
木饰面
Ⓑ 剖面图 1：2
C
D
A
B
2400
2365
25
10
120
木饰面
木饰面
金属拉手
虚线为镜子
（柜门背面）
450
765
130
60
120
② 立面图 1：10

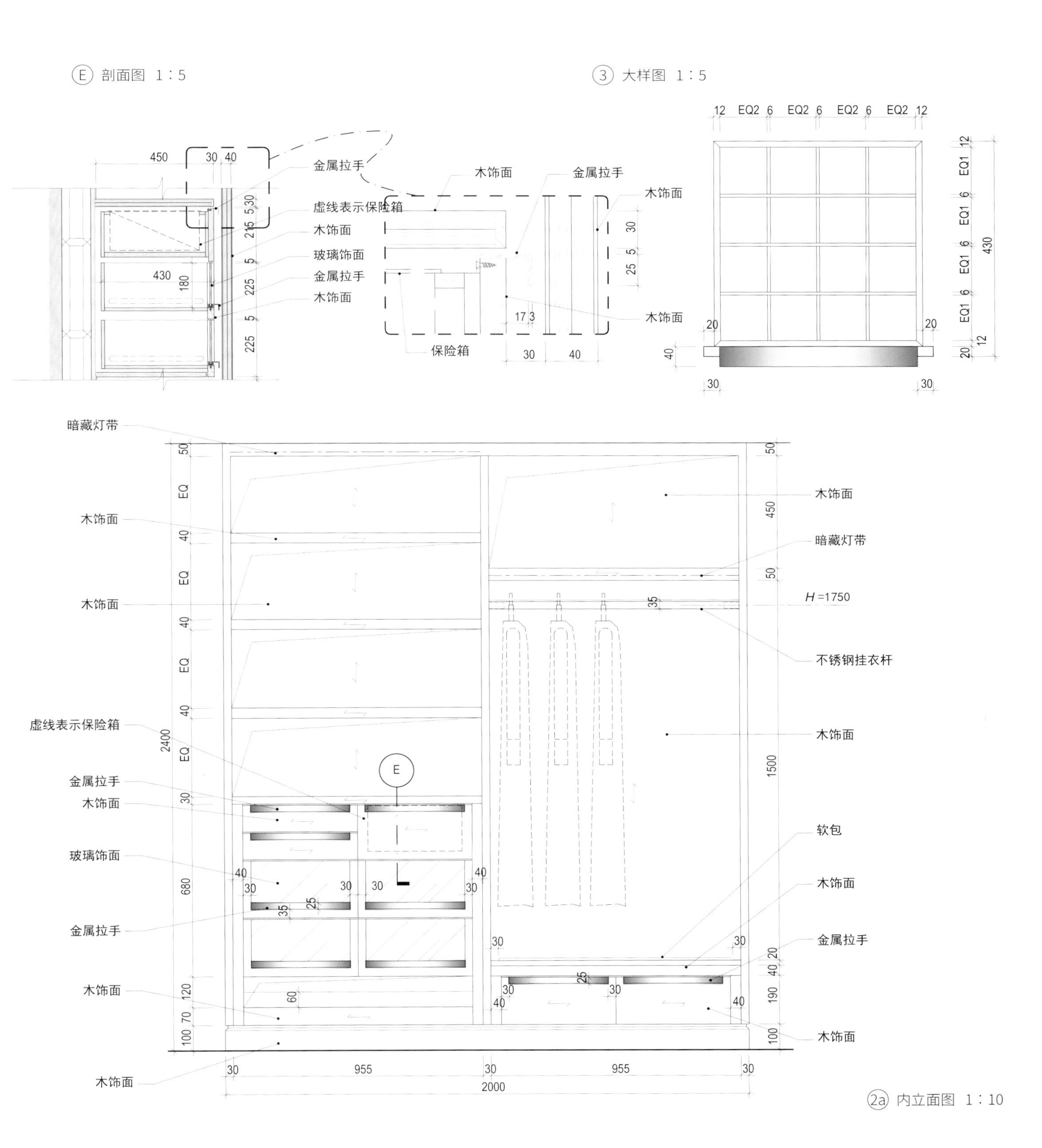

E 剖面图 1：5
3 大样图 1：5
金属拉手
虚线表示保险箱
木饰面
玻璃饰面
金属拉手
木饰面
保险箱
暗藏灯带
木饰面
不锈钢挂衣杆
软包
H =1750
2a 内立面图 1：10

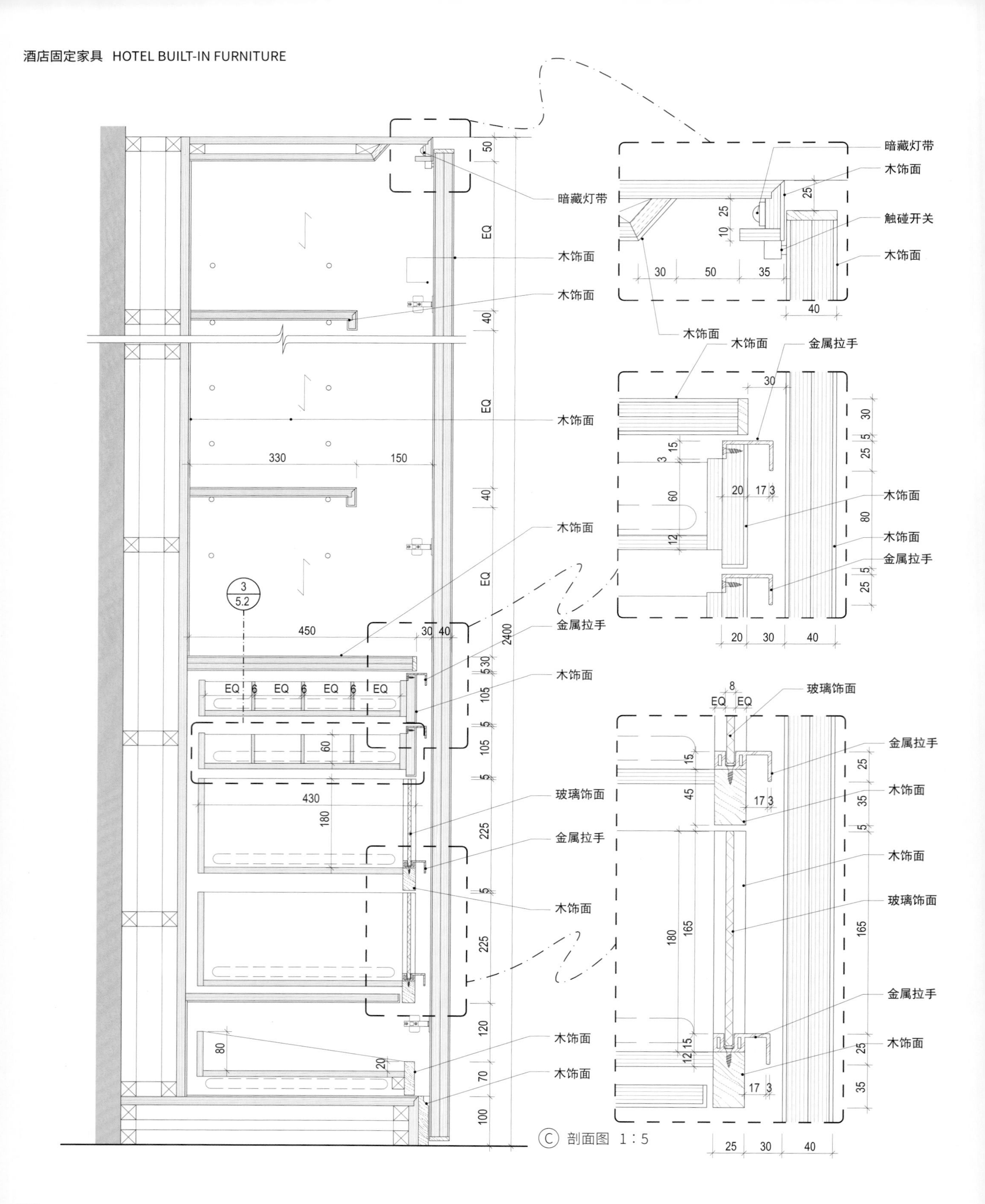

暗藏灯带
木饰面
木饰面
木饰面
木饰面
金属拉手
木饰面
玻璃饰面
金属拉手
木饰面
木饰面
木饰面
暗藏灯带
木饰面
触碰开关
木饰面
木饰面
木饰面
金属拉手
木饰面
木饰面
金属拉手
玻璃饰面
金属拉手
木饰面
木饰面
玻璃饰面
金属拉手
木饰面

Ⓒ 剖面图 1：5

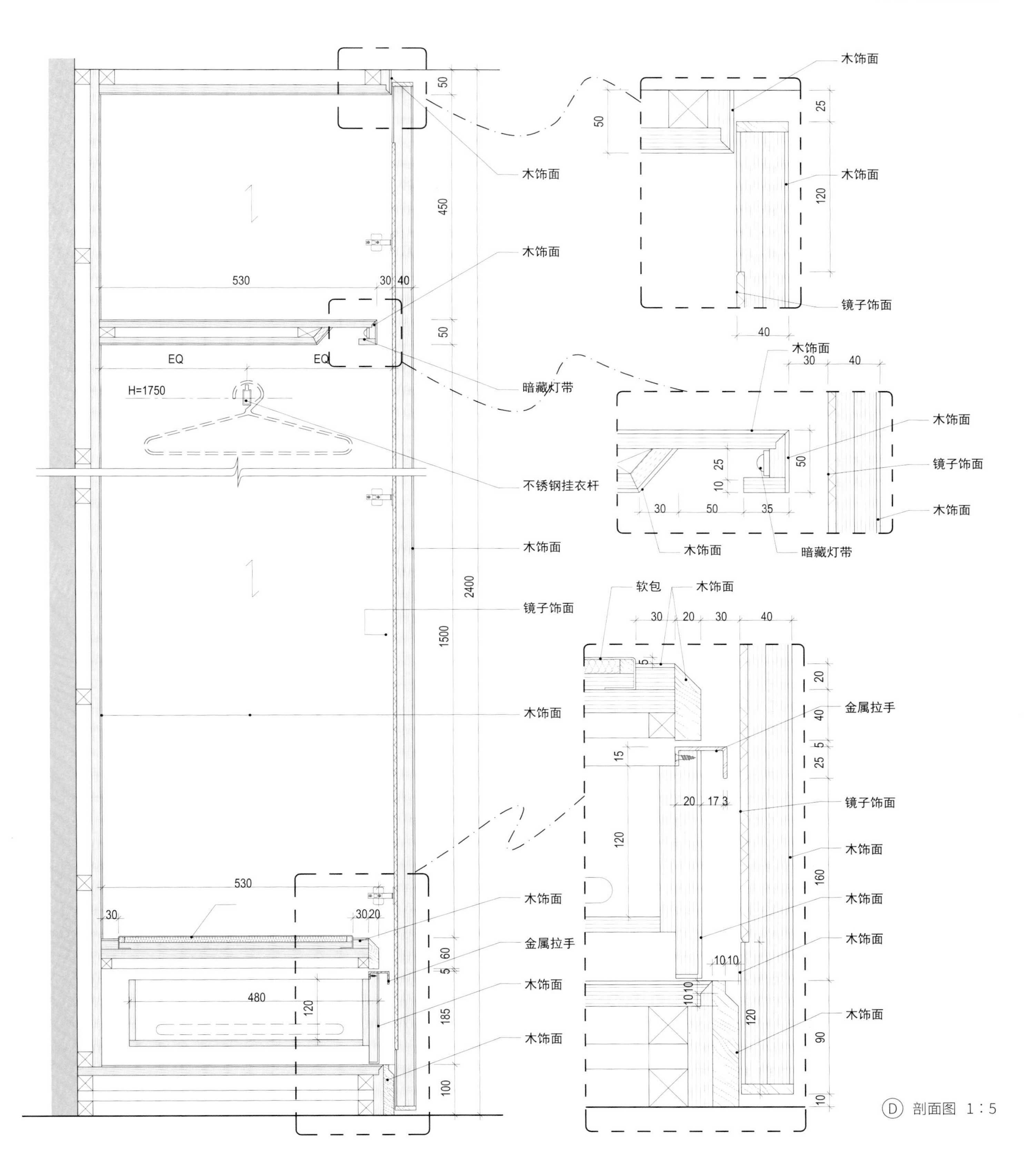

木饰面
镜子饰面
暗藏灯带
不锈钢挂衣杆
软包
金属拉手
H=1750
EQ
530
480
2400
1500
450
剖面图 1:5

D 剖面图 1：5

2

迷你吧
MINI-BAR

迷你吧的主要功能是为客人提供食品、饮品、餐具，兼具展示和装饰的功能。标准客房的迷你吧一般设置在衣柜附近，由于自身体积较小，可以单独设置，也可以和衣柜、书桌、电视柜等结合设置。台面为天然石材，可供客人操作，如烧水、冲咖啡等。

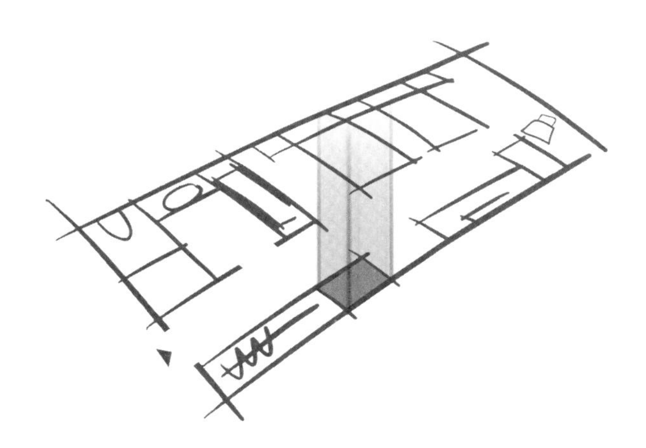

迷你吧功能 Mini-bar Function

收纳

设置抽屉、搁架等以存放饮品、食品、餐具设备等。

展示

有些迷你吧上方会放置层板，可在层板上放置艺术品、摆件。

冷藏

内置冷藏冰箱，存放饮料和小食品。

操作

提供空间方便客人自助操作，如烧水、冲咖啡等。

冷藏冰箱　Refrigerator

冰箱隐藏在柜台下方，前门设置橱柜门，一般不提供制冰，容量选择在 45~50L 之间。冰箱后方需预留通风散热口。

尺寸区间：长：400~500mm，宽：450~500mm，高：500~520mm

水壶　Kettle

咖啡机　Coffermaker

餐具 Tableware

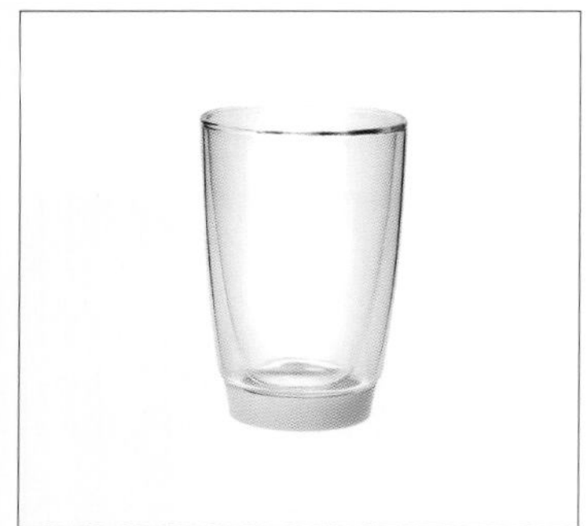

水杯
高度：15.5cm
口径：7.5cm
容量：474ml

咖啡杯盘
高度：6cm
口径：6cm
底盘直径：12cm

冰桶
高度：23cm
口径：20cm
底径：15cm

酒杯
高度：21.3cm
口径：5.3cm
容量：400ml

刀叉
刀子长：22.8cm 宽：1.7cm
叉子长：21cm 宽：2.3cm
勺子长：20cm 宽：4.1cm

开瓶器
高度：17.5cm
宽度：10.5cm

照明　Lighting

由于装饰效果的需要，迷你吧所配置的射灯和灯带对尺寸的要求越来越高，设计师希望灯具能够更小巧、轻薄，市场上相应出现了这一类产品。

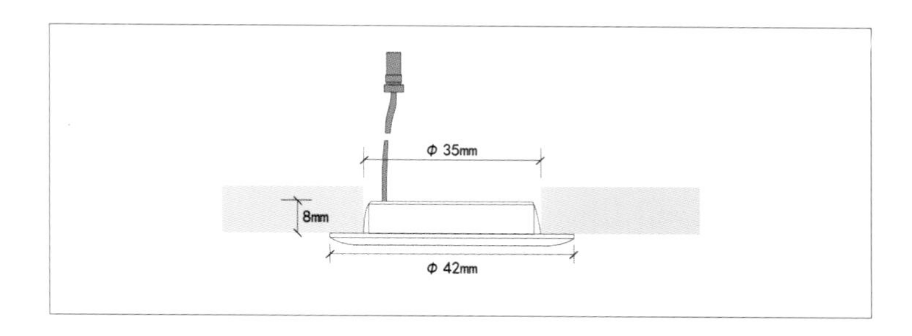

大功率橱柜射灯
直径：35mm
高度：8mm
材质：氧化铝合金

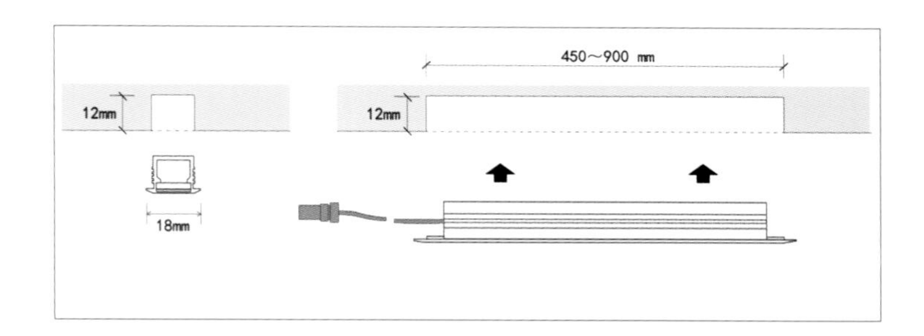

嵌入式条灯
长度：450/600/900mm
宽度：14mm
高度：12mm

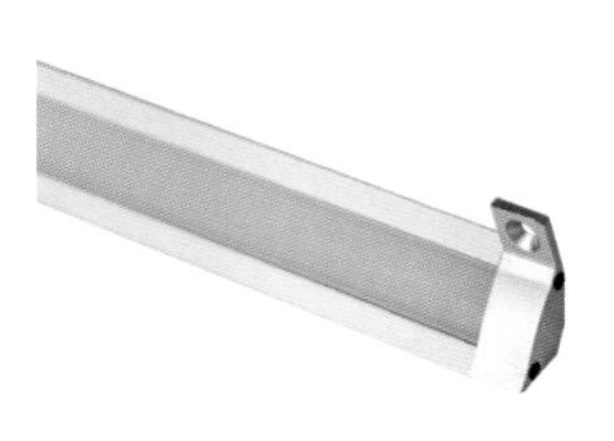

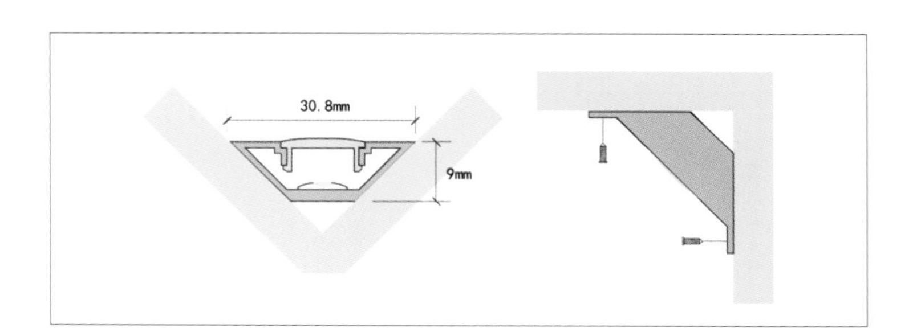

柜角灯
长度：450/600/900mm
宽度：30.8mm
高度：9mm

五 金　Hardware

铰链

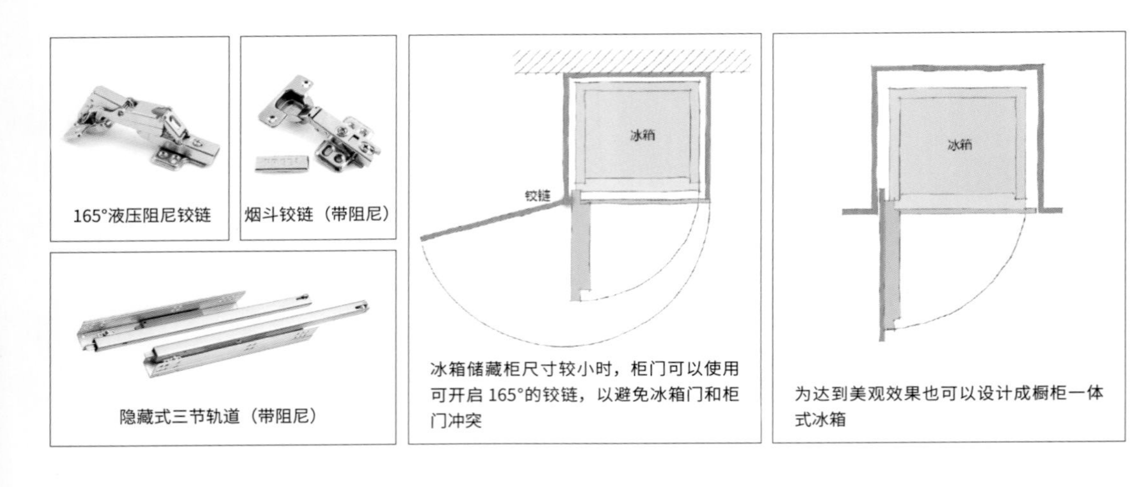

165°液压阻尼铰链

烟斗铰链（带阻尼）

隐藏式三节轨道（带阻尼）

冰箱储藏柜尺寸较小时，柜门可以使用可开启165°的铰链，以避免冰箱门和柜门冲突

为达到美观效果也可以设计成橱柜一体式冰箱

拉门

为节省空间并达到设计美观的效果，柜门也可以选择回旋推拉门的方式，即门扇打开后可垂直插入柜内。如果不希望五金外露，还可以在柜内增设隔板。

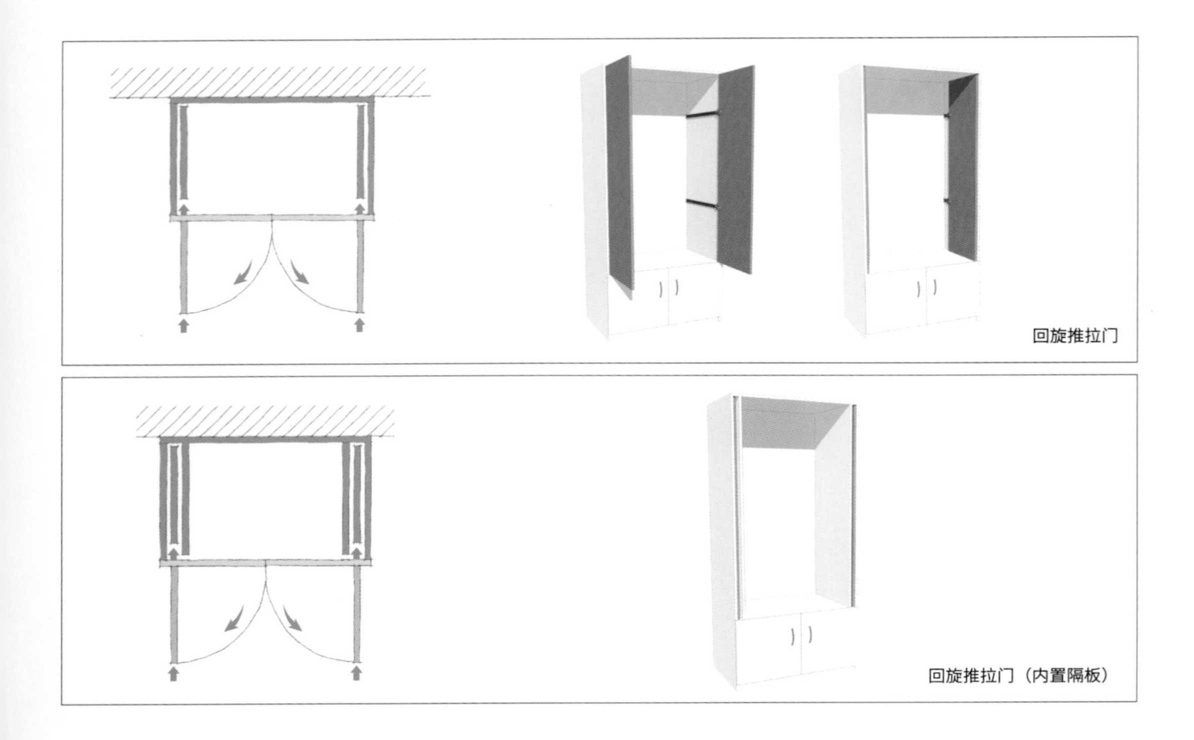

回旋推拉门

回旋推拉门（内置隔板）

迷你吧的重要尺寸　Size of Mini-bar

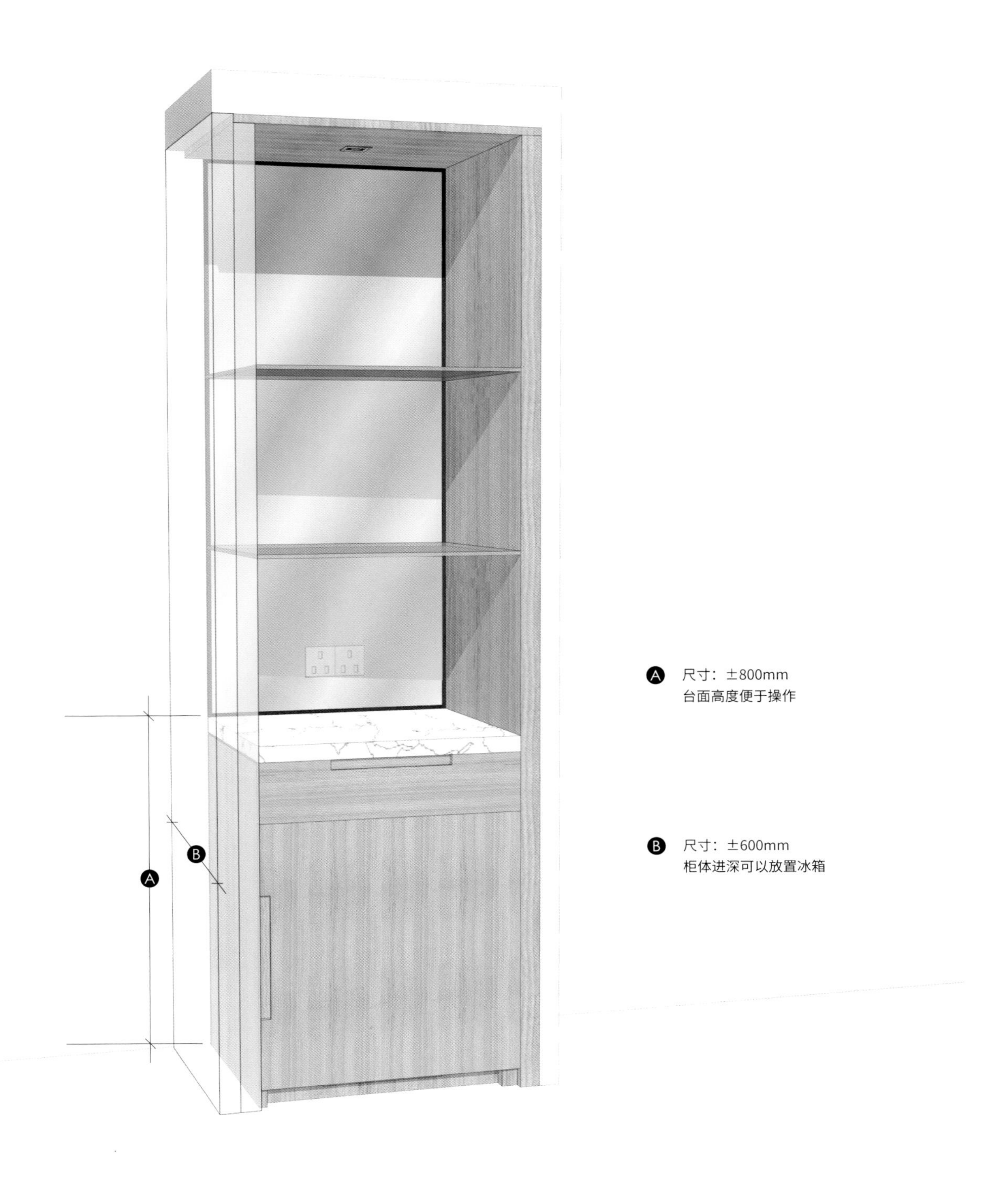

案例 1 Case 1

三维透视图 1

三维透视图 2

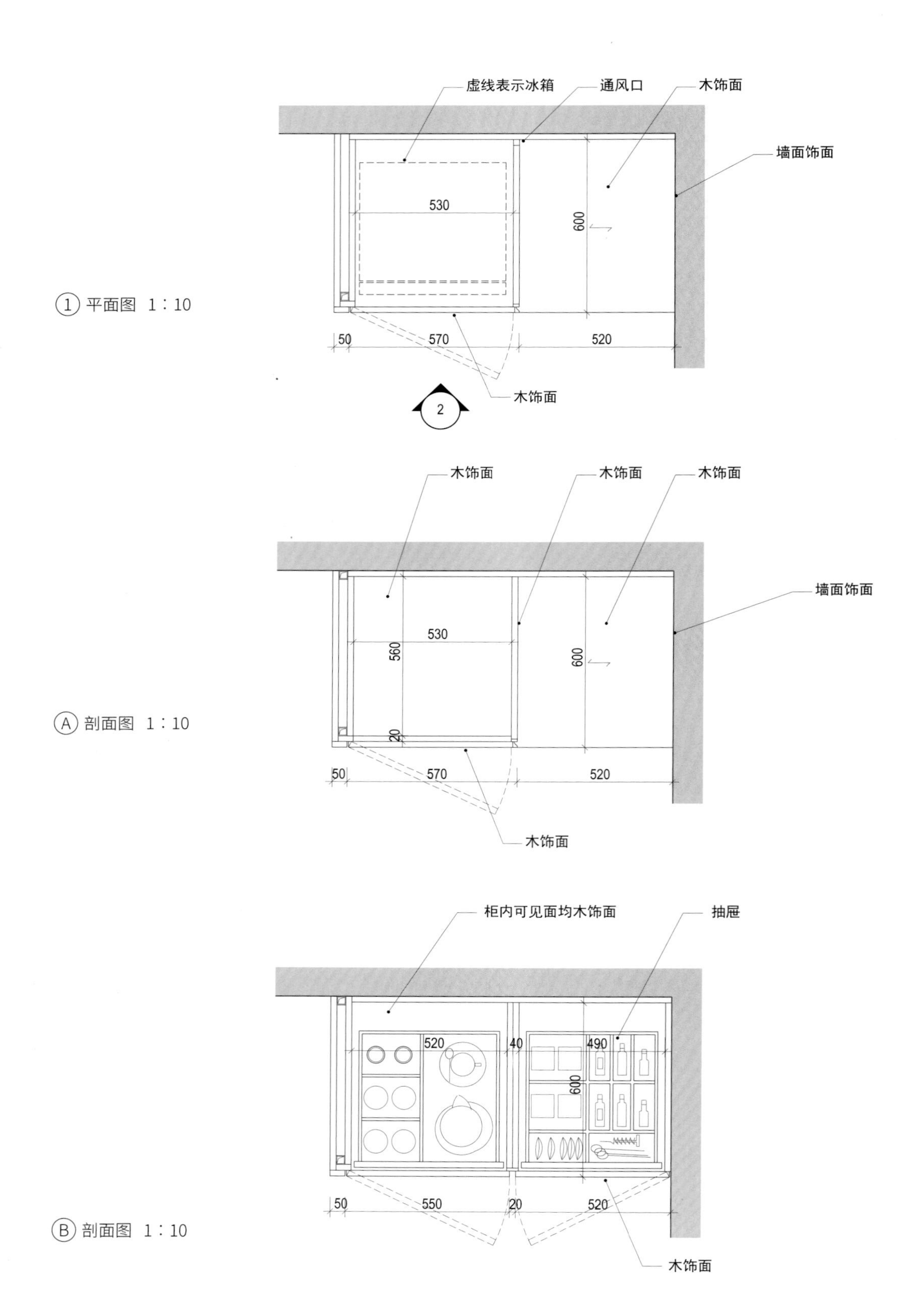
虚线表示冰箱
通风口
木饰面
墙面饰面
530
600
50
570
520
木饰面
2
①平面图 1：10
木饰面
木饰面
木饰面
墙面饰面
530
560
600
20
50
570
520
木饰面
Ⓐ剖面图 1：10
柜内可见面均木饰面
抽屉
520
40
490
600
50
550
20
520
Ⓑ剖面图 1：10
木饰面

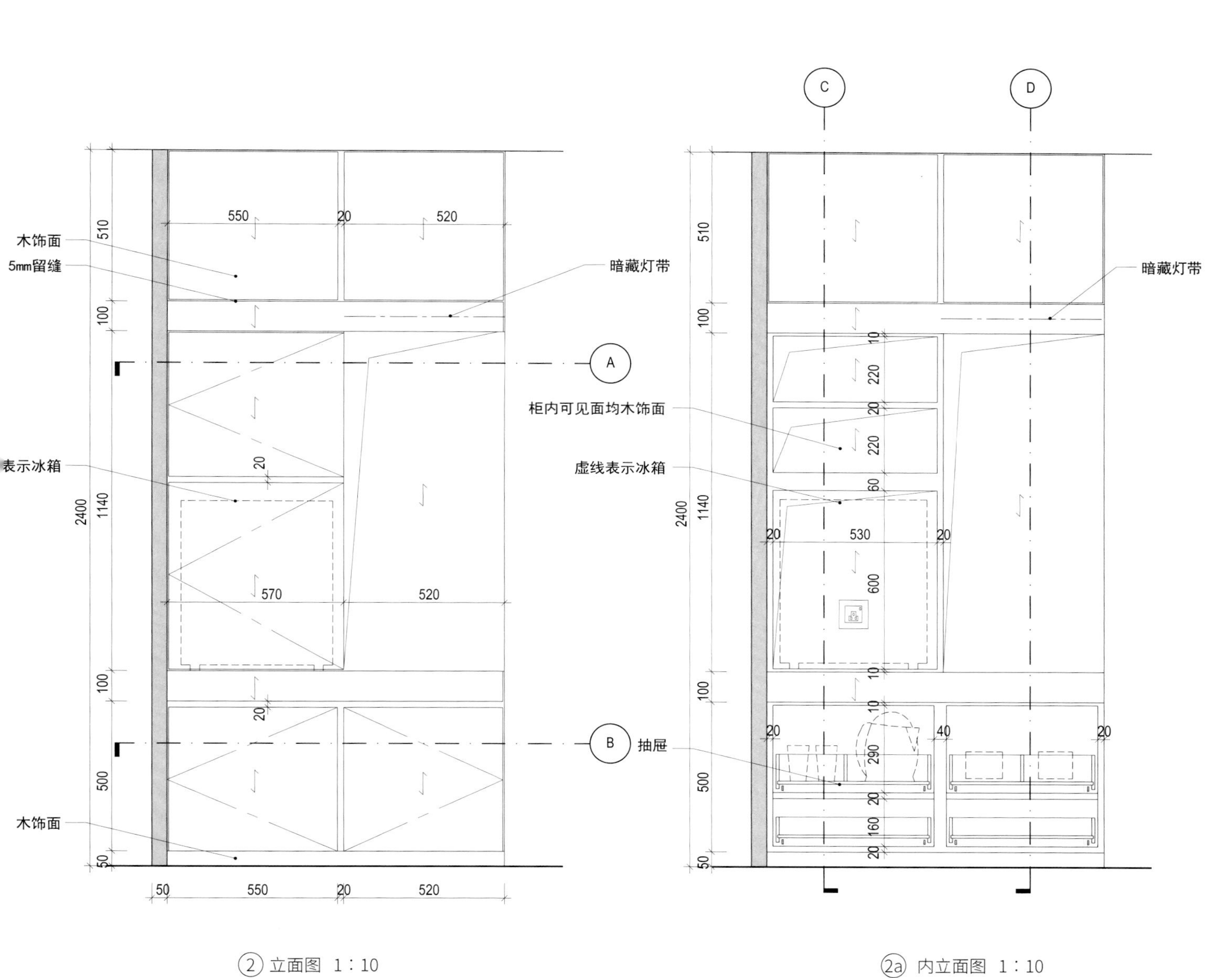

②立面图 1：10

2a 内立面图 1：10

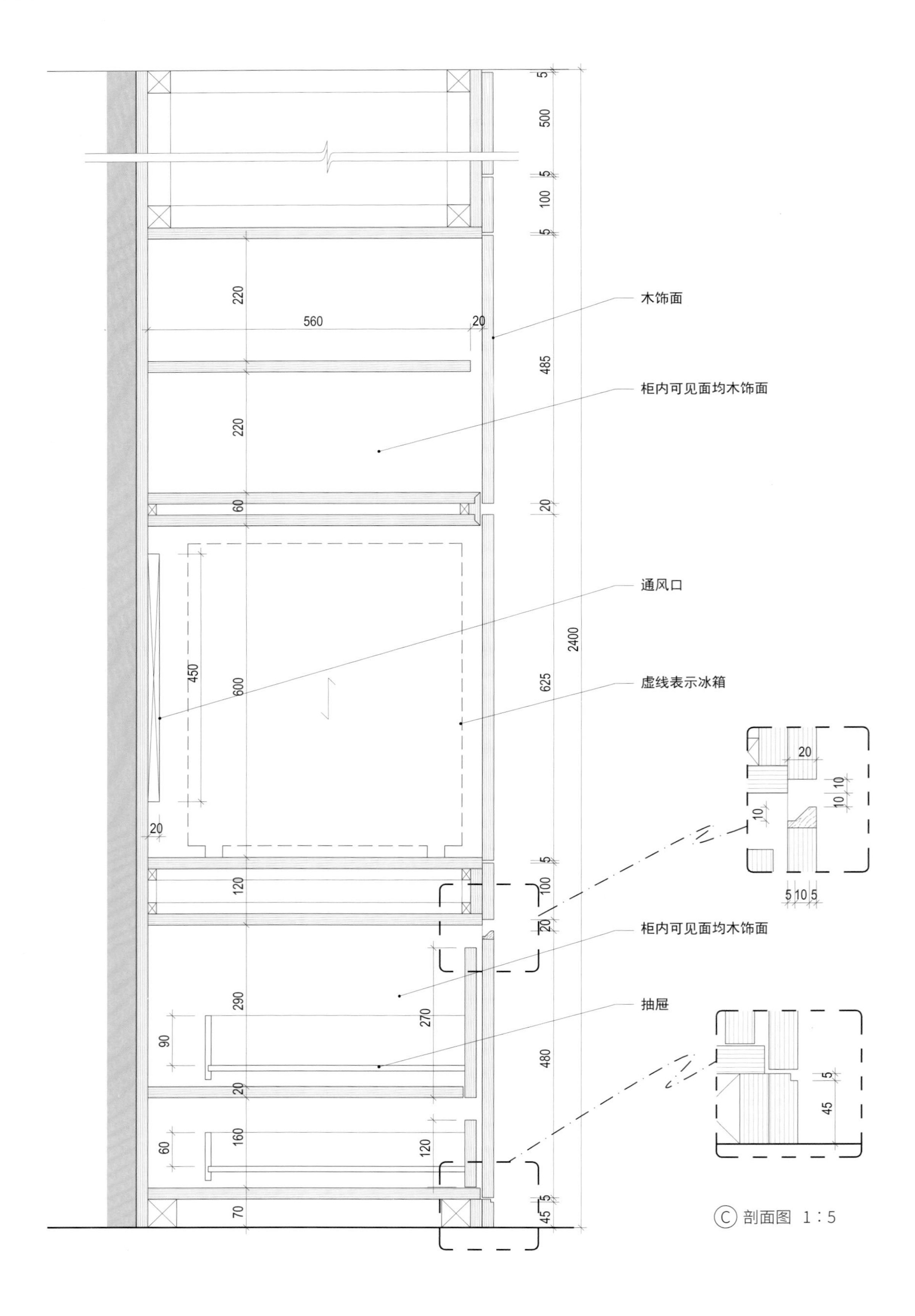
木饰面
柜内可见面均木饰面
通风口
虚线表示冰箱
柜内可见面均木饰面
抽屉
5
500
5
100
5
220
560
20
485
220
60
20
450
600
625
2400
20
5
100
120
20
290
270
90
480
20
160
60
120
5
70
45
20
10
10
10
5 10 5
5
45

Ⓒ 剖面图 1：5

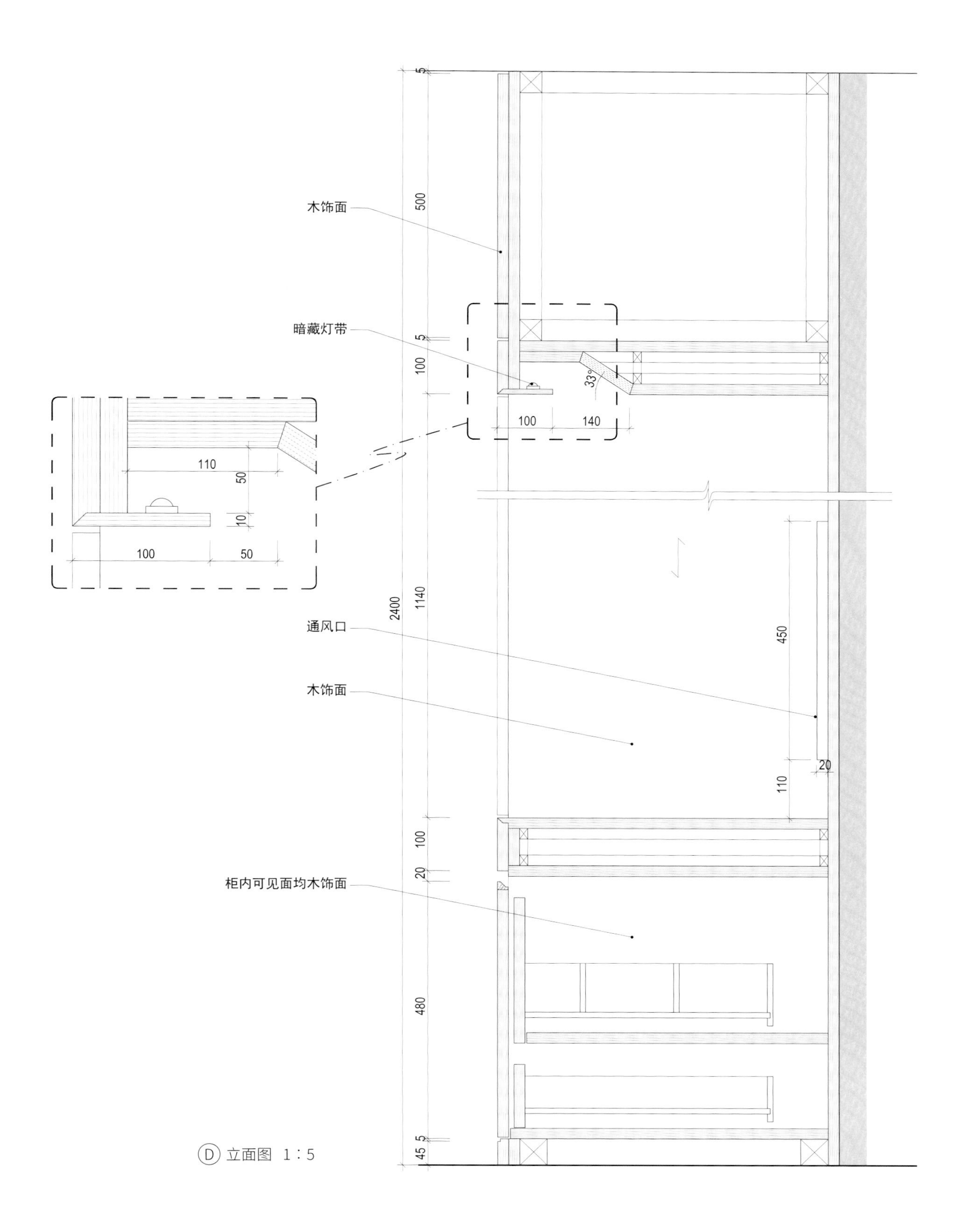
木饰面
暗藏灯带
通风口
木饰面
柜内可见面均木饰面
33°
100
140
110
50
10
100
50
5
500
5
100
2400
1140
450
20
110
100
20
480
5
45

Ⓓ 立面图　1：5

案例 2　Case 2

三维透视图 1

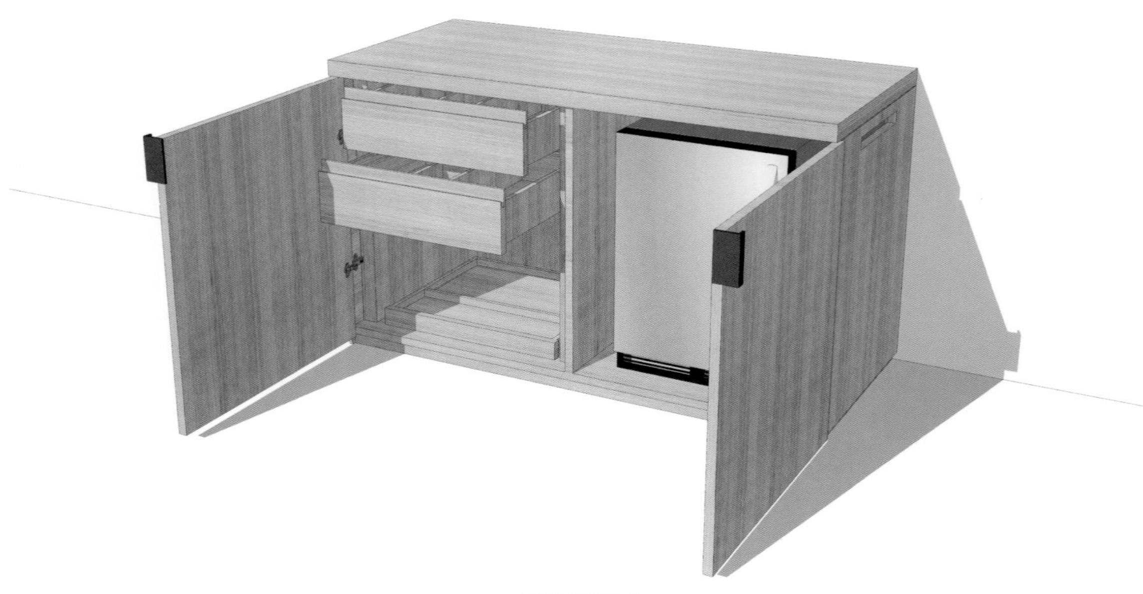

三维透视图 2

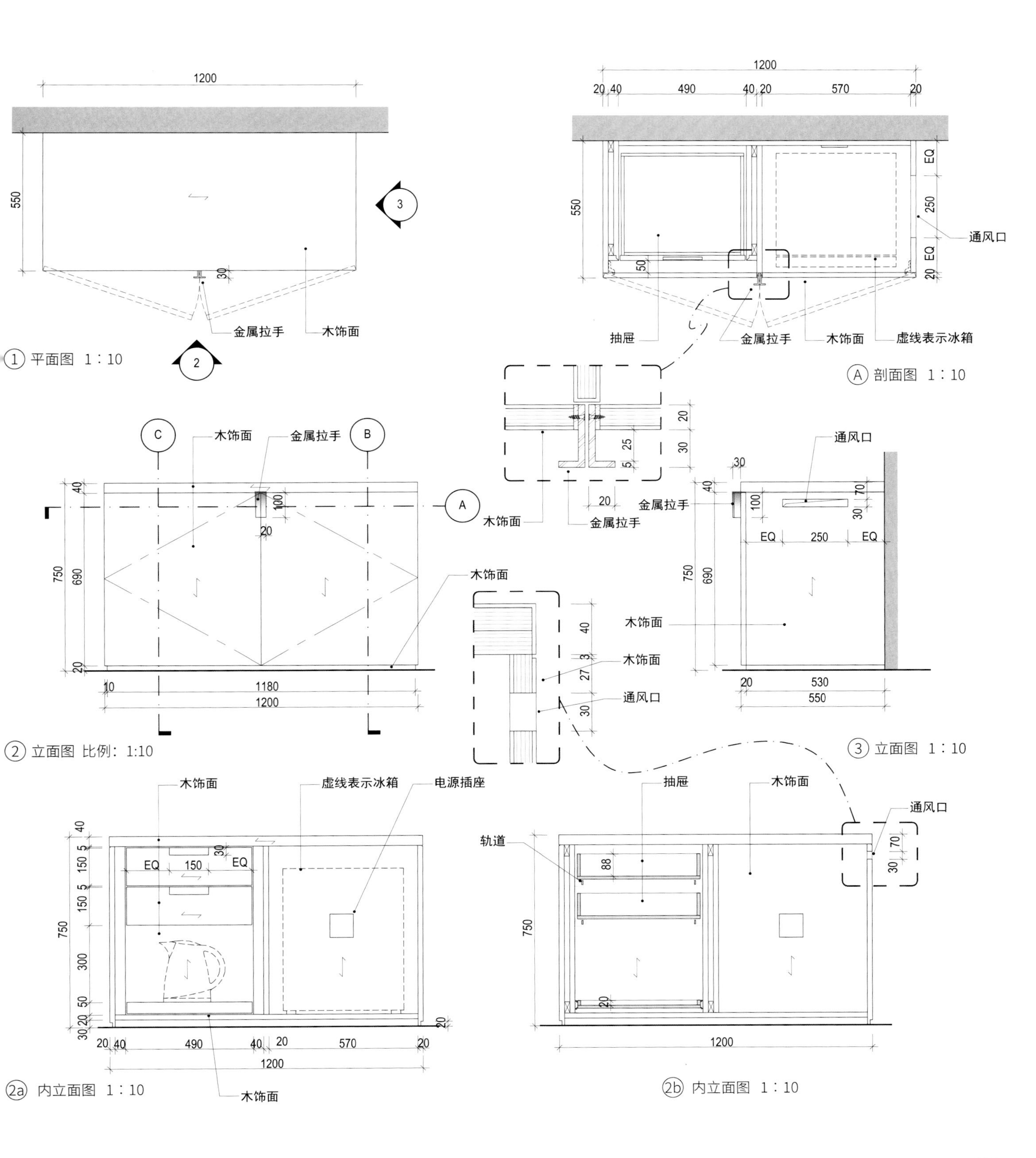

1200
550
30
3
2
金属拉手
木饰面
①平面图　1：10
20 40 490 40 20 570 20
EQ
250
EQ
20
50
通风口
抽屉
金属拉手
木饰面
虚线表示冰箱
Ⓐ剖面图　1：10
C
B
A
木饰面
金属拉手
40
100
20
750
690
20
10
1180
1200
②立面图 比例：1:10
25
5
30
木饰面
金属拉手
3
27
40
木饰面
通风口
通风口
金属拉手
70
EQ
530
550
③立面图　1：10
虚线表示冰箱
电源插座
轨道
88
150
5
300
②a 内立面图　1：10
②b 内立面图　1：10

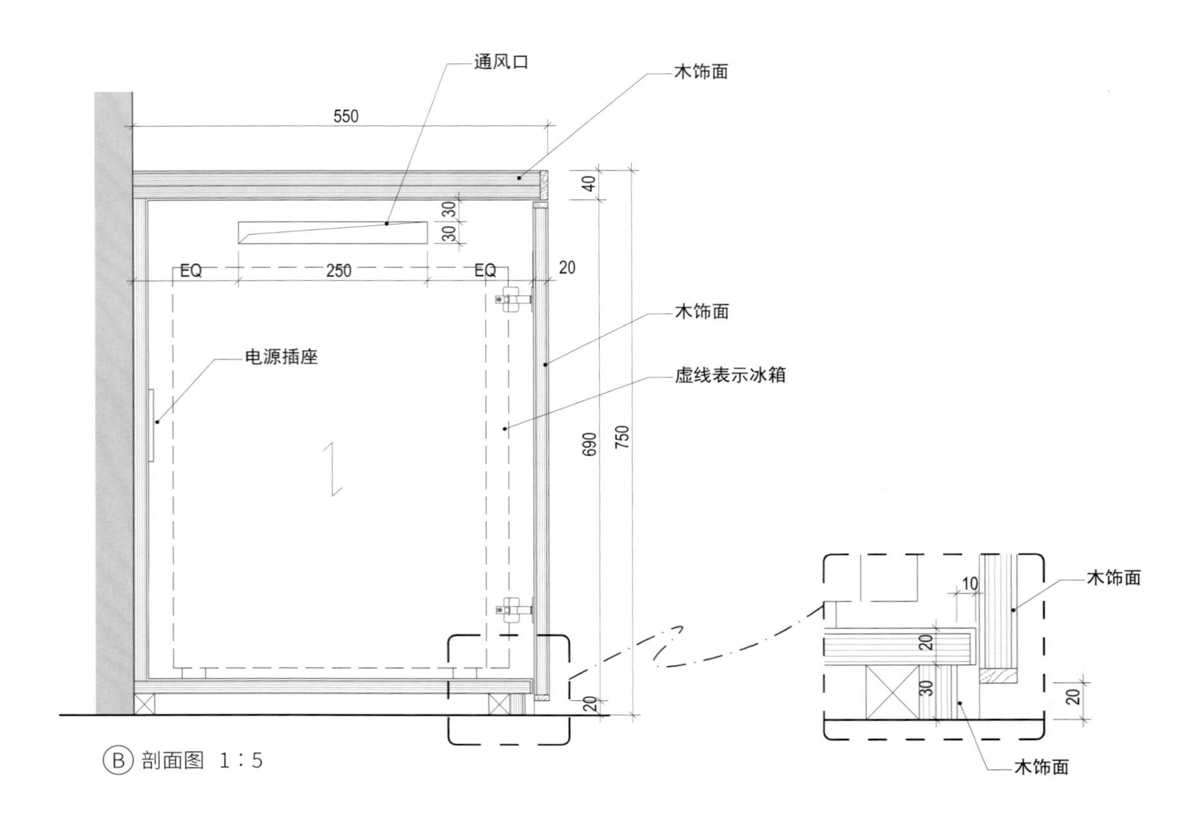

通风口
木饰面
550
40
30
30
EQ
250
EQ
20
木饰面
电源插座
虚线表示冰箱
690
750
20
10
20
30
20
木饰面
木饰面

Ⓑ 剖面图 1：5

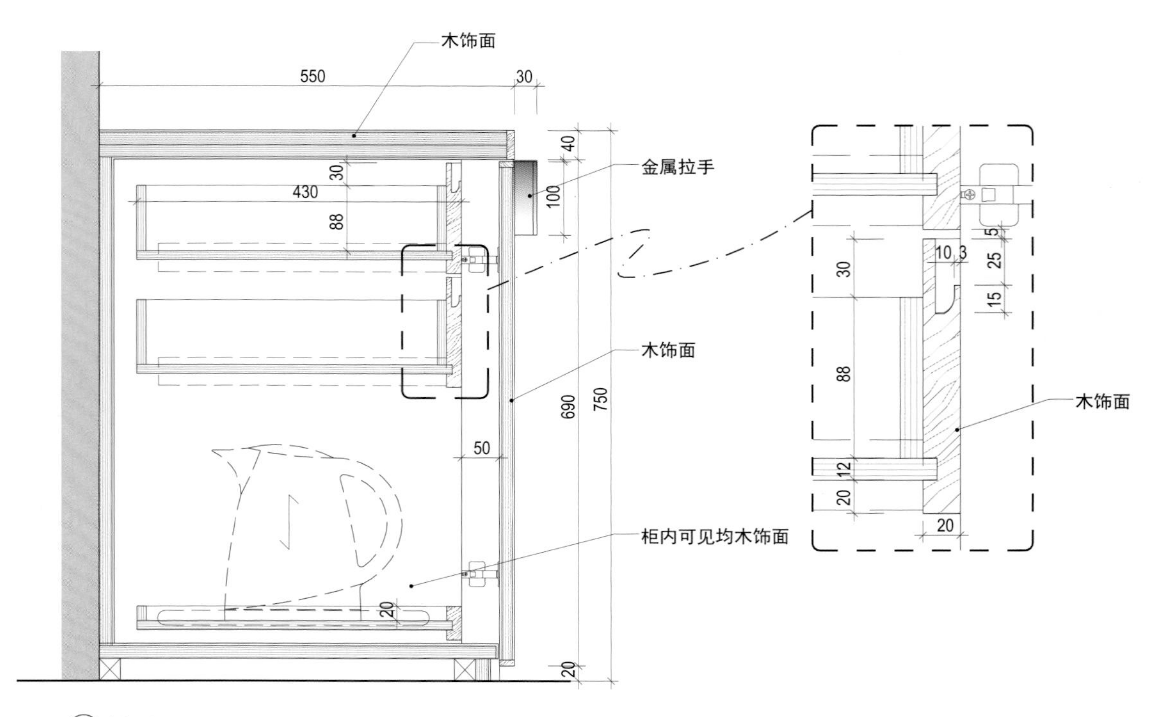

木饰面
550
30
40
金属拉手
100
30
430
88
10
3
5
25
15
30
88
木饰面
木饰面
50
690
750
柜内可见均木饰面
12
20
20
20
20

Ⓒ 剖面图 1：5

案例 3　Case 3

三维透视图 1

三维透视图 2

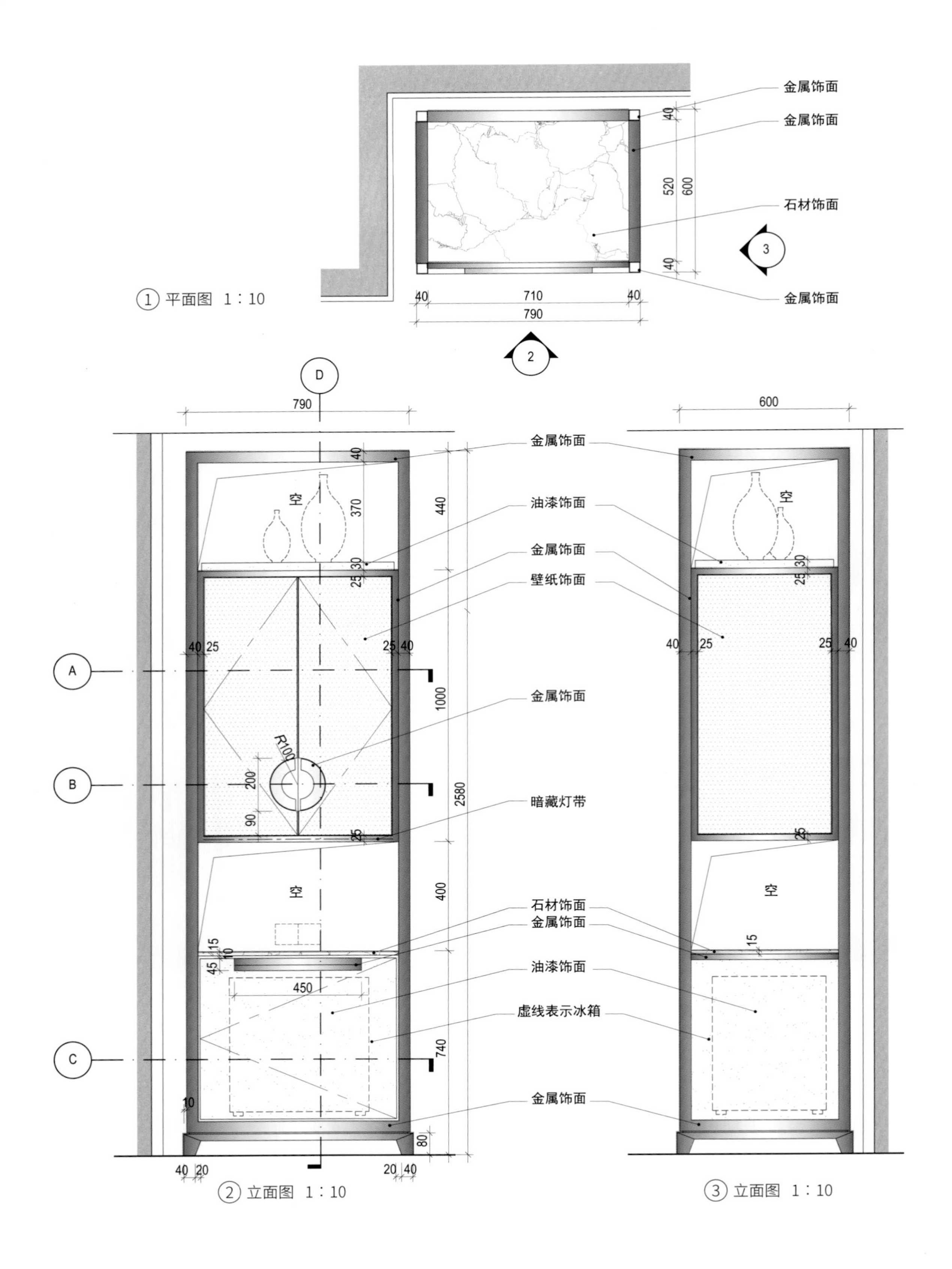

① 平面图 1：10

② 立面图 1：10

③ 立面图 1：10

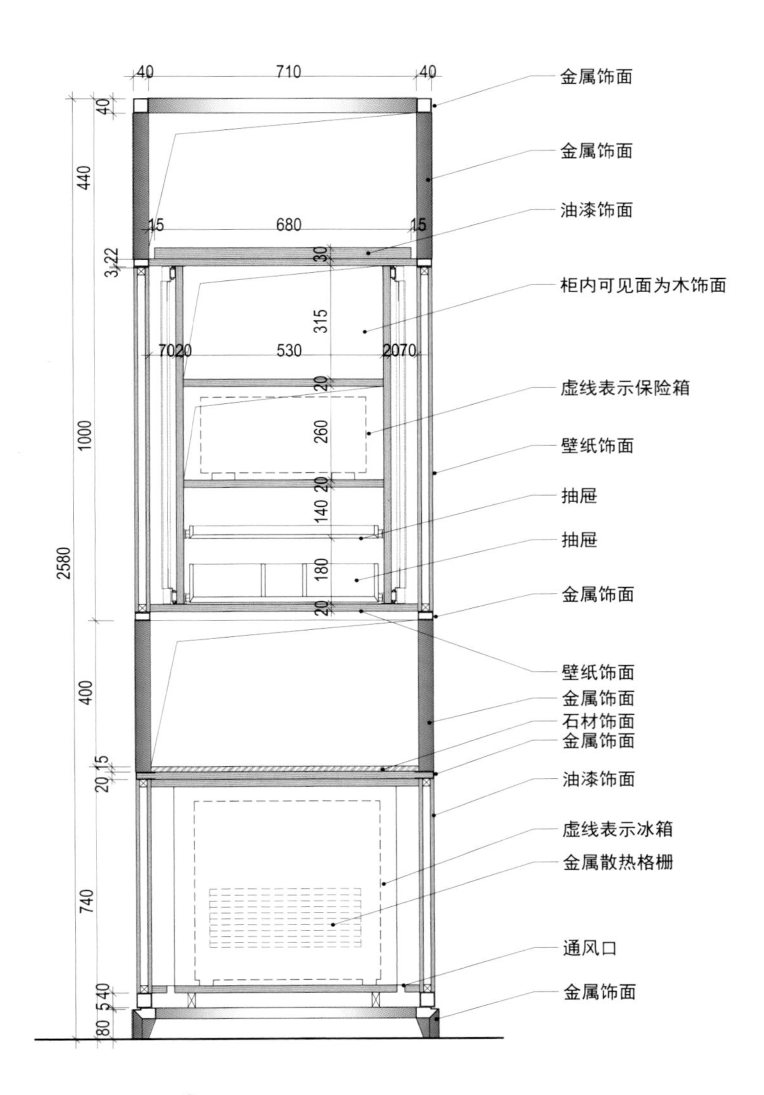

40
710
40
金属饰面
金属饰面
油漆饰面
15
680
15
柜内可见面为木饰面
7020
530
2070
虚线表示保险箱
壁纸饰面
抽屉
抽屉
金属饰面
壁纸饰面
金属饰面
石材饰面
金属饰面
油漆饰面
虚线表示冰箱
金属散热格栅
通风口
金属饰面
40
440
3 22
30
315
20
260
20
140
180
20
1000
2580
400
20 15
740
5 40
80

②a 内立面图 1：5

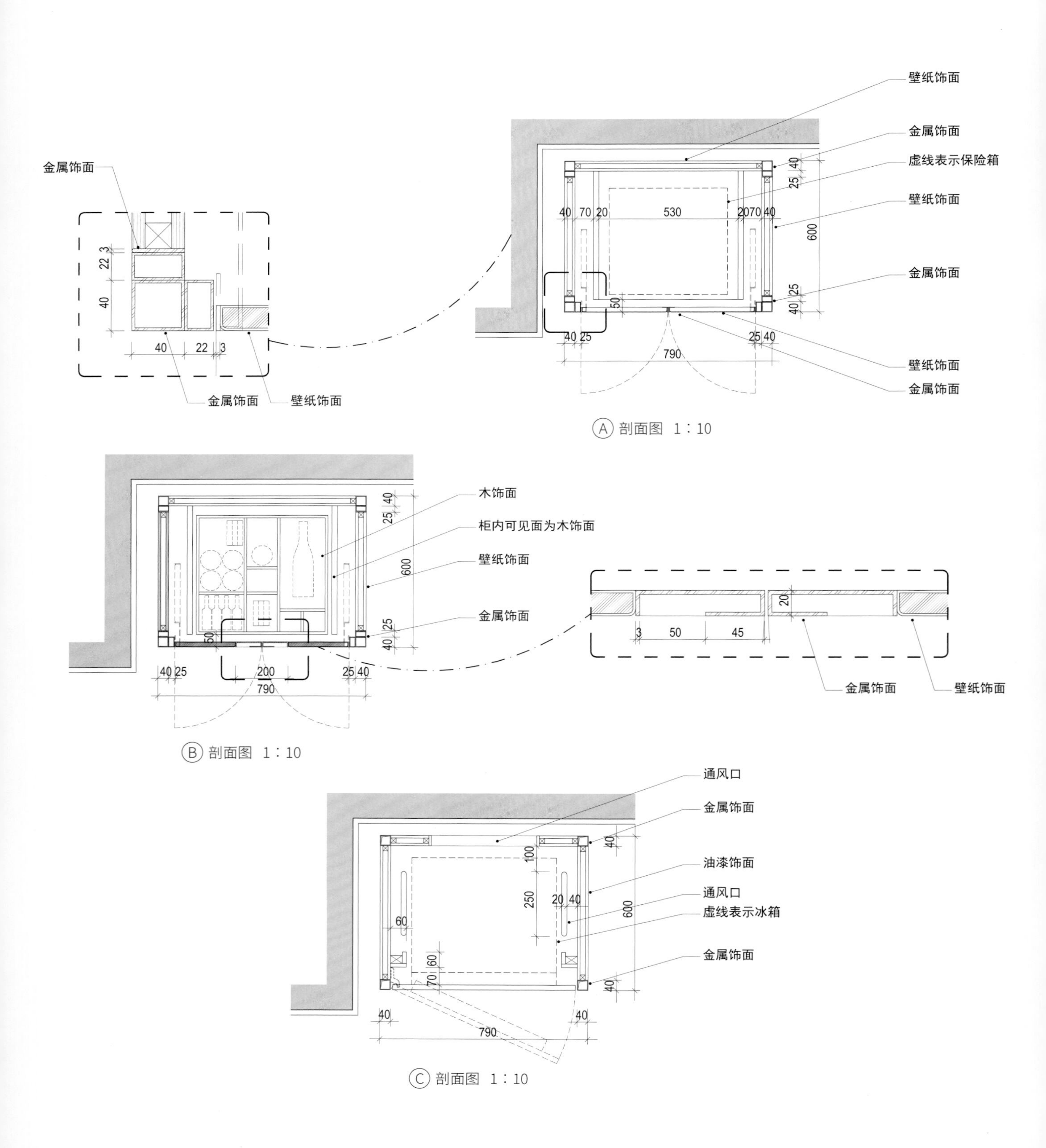
壁纸饰面
金属饰面
虚线表示保险箱
壁纸饰面
金属饰面
壁纸饰面
金属饰面
金属饰面
金属饰面
壁纸饰面
A 剖面图 1：10
木饰面
柜内可见面为木饰面
壁纸饰面
金属饰面
金属饰面
壁纸饰面
B 剖面图 1：10
通风口
金属饰面
油漆饰面
通风口
虚线表示冰箱
金属饰面
C 剖面图 1：10

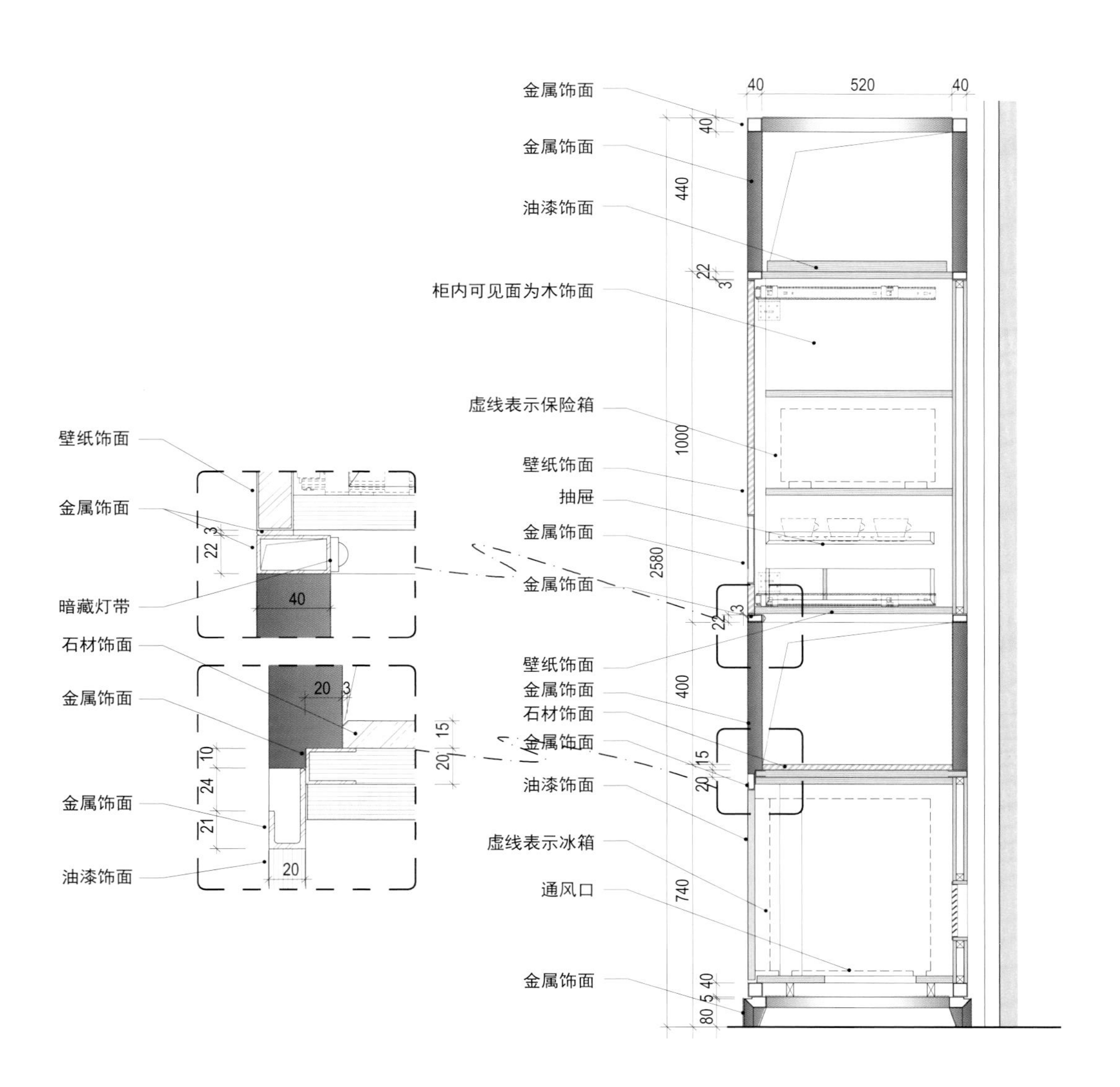
金属饰面
金属饰面
油漆饰面
柜内可见面为木饰面
虚线表示保险箱
壁纸饰面
抽屉
金属饰面
金属饰面
壁纸饰面
金属饰面
石材饰面
金属饰面
油漆饰面
虚线表示冰箱
通风口
金属饰面
壁纸饰面
金属饰面
暗藏灯带
石材饰面
金属饰面
金属饰面
油漆饰面
40
520
40
440
22
3
1000
2580
400
15
20
740
40
5
80
22 3
40
20
3
10
24
21
20
15
20

Ⓓ 剖面图　1：10

案例 4 Case 4

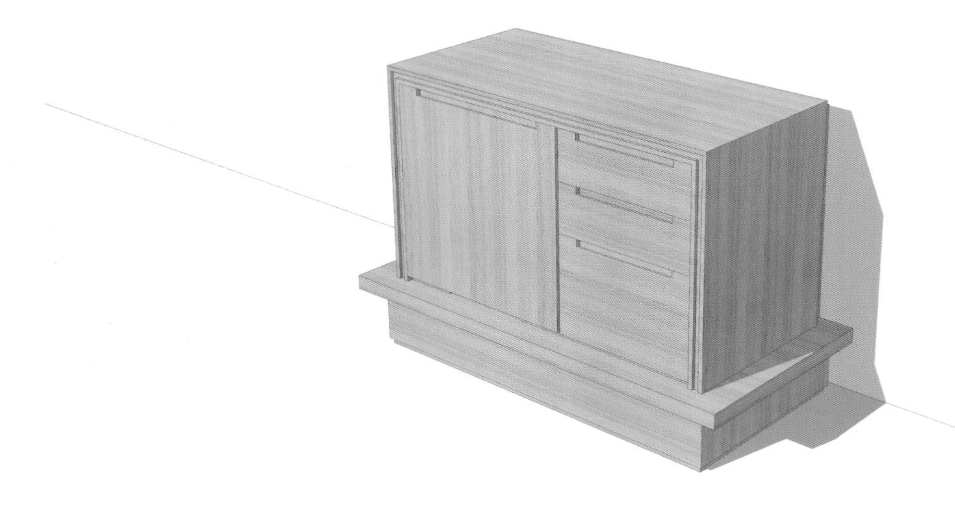

三维透视图 1

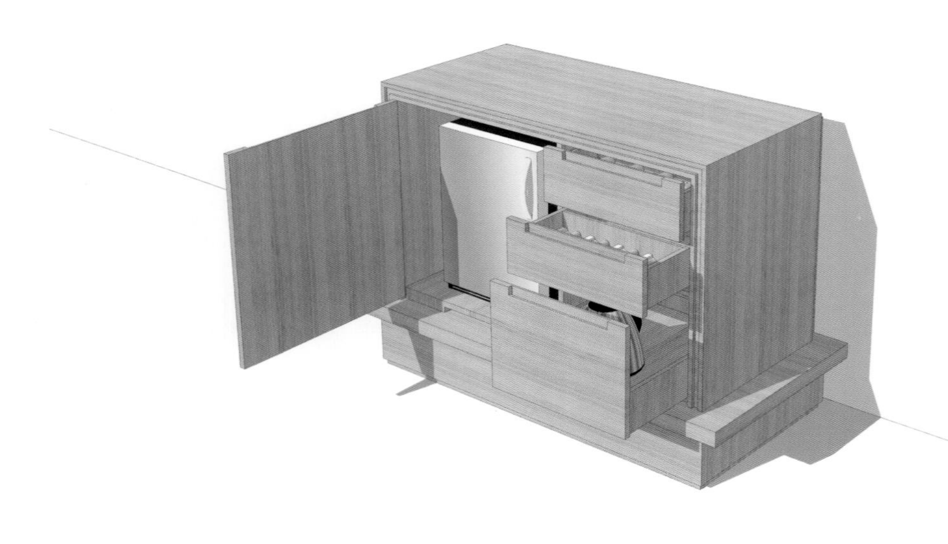

三维透视图 2

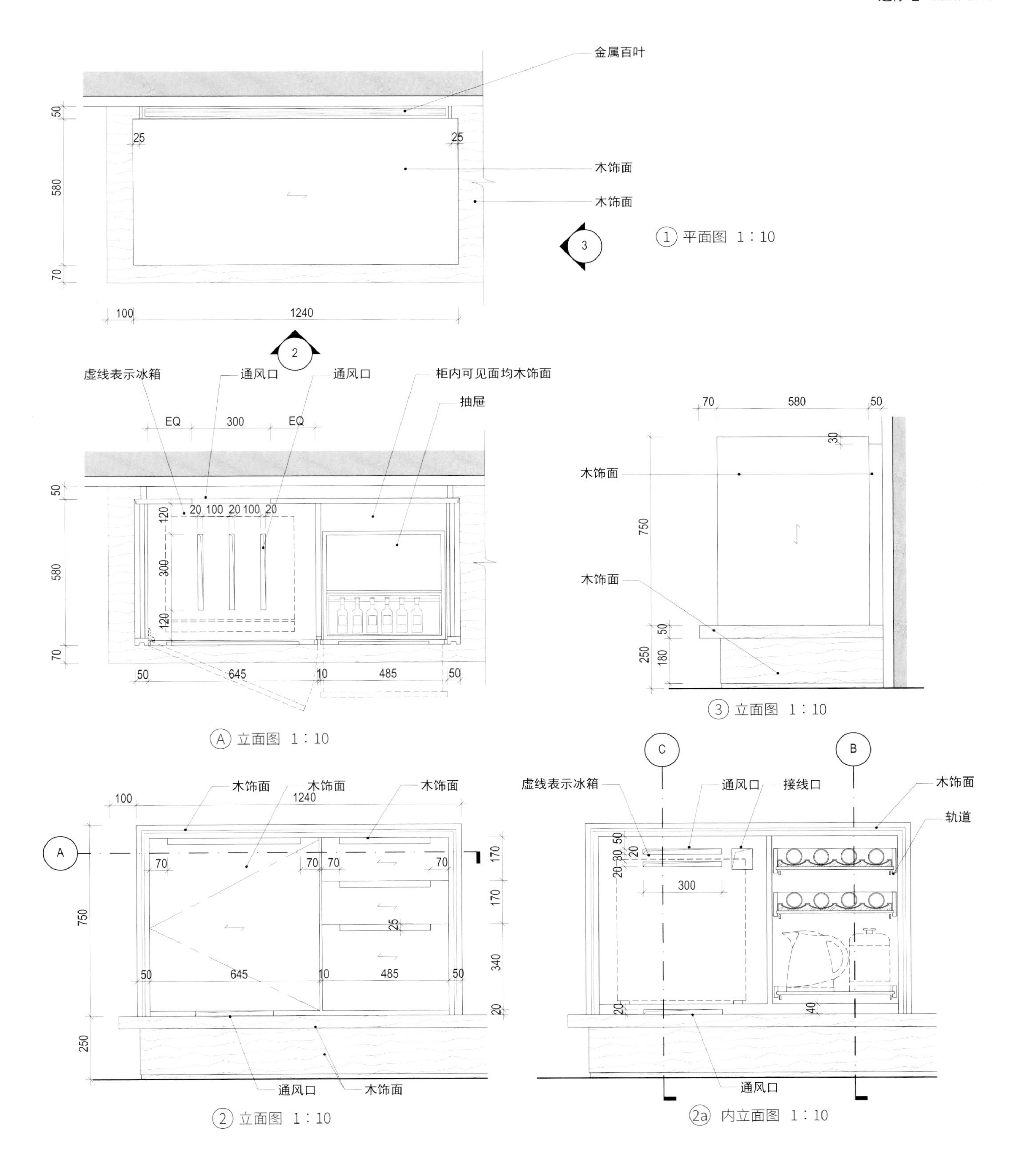

金属百叶
木饰面
木饰面
① 平面图 1：10
虚线表示冰箱
通风口
通风口
柜内可见面均木饰面
抽屉
Ⓐ 立面图 1：10
木饰面
木饰面
③ 立面图 1：10
木饰面
木饰面
木饰面
通风口
木饰面
② 立面图 1：10
虚线表示冰箱
通风口
接线口
木饰面
轨道
通风口
2a 内立面图 1：10

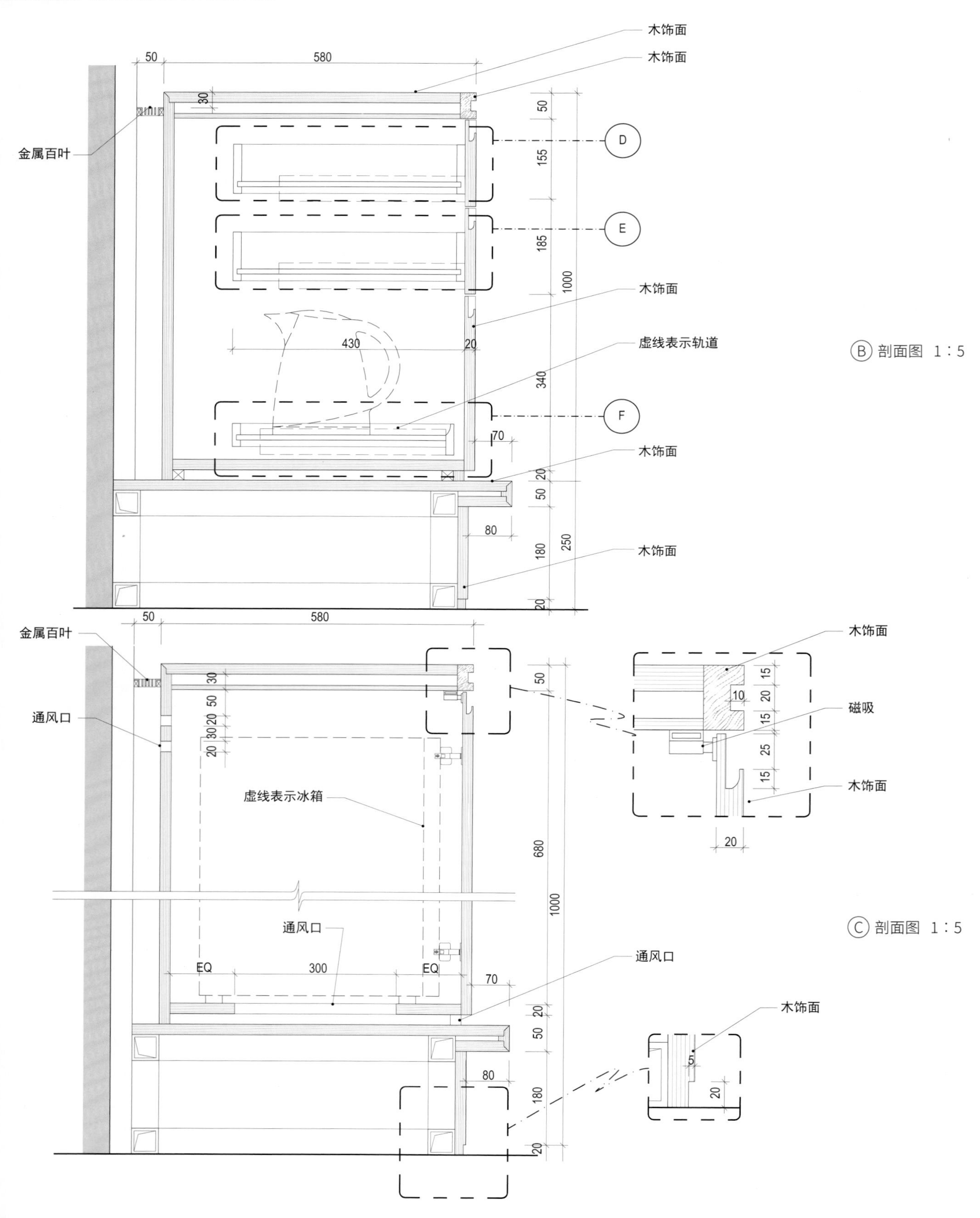
木饰面
木饰面
金属百叶
虚线表示轨道
D
E
F
430
20
580
50
30
155
185
340
1000
70
80
180
250
(B) 剖面图 1：5
金属百叶
通风口
虚线表示冰箱
通风口
EQ
300
EQ
680
磁吸
木饰面
10
15
20
25
5
(C) 剖面图 1：5

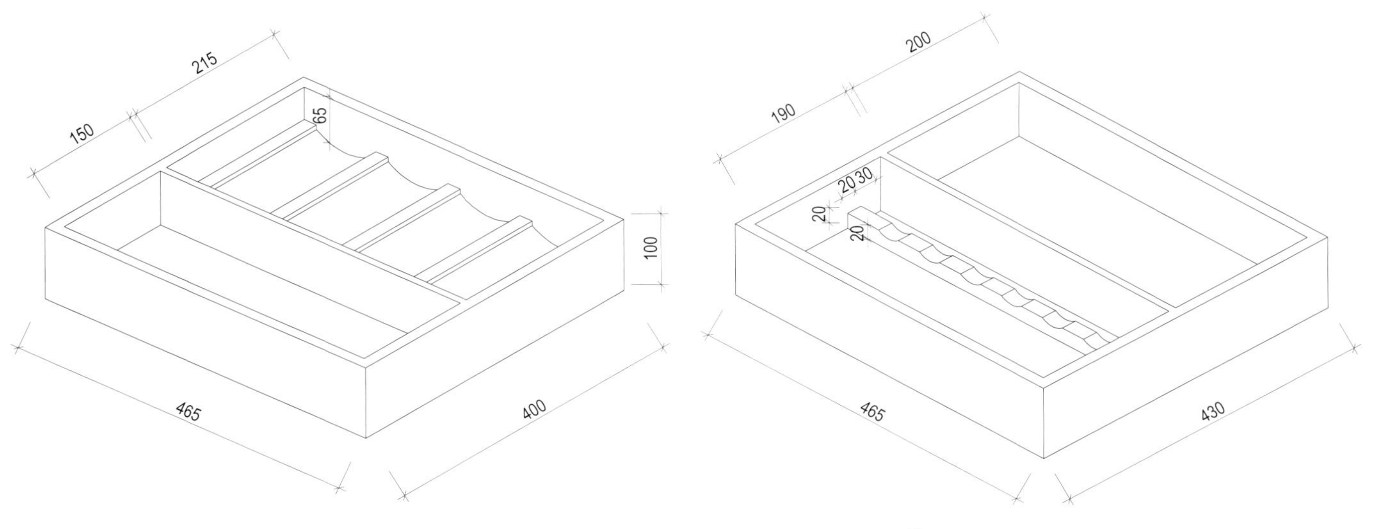

Ⓓ 一层抽屉轴测图　1：5

一层放置物品：酒杯、咖啡杯

Ⓔ 一层抽屉轴测图　1：5

二层放置物品：小支装酒瓶、玻璃杯

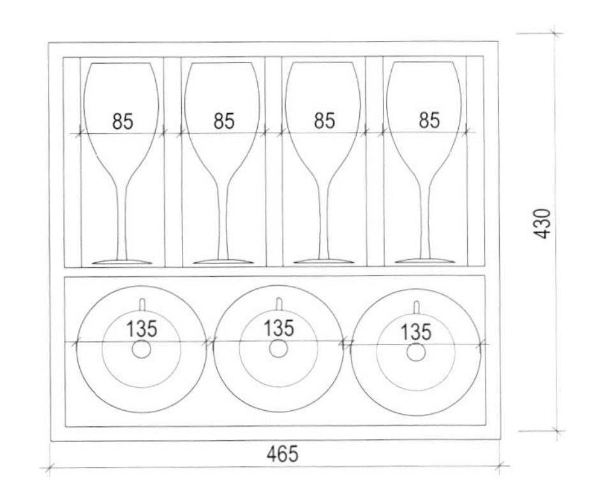

D1 一层抽屉平面图　1：5

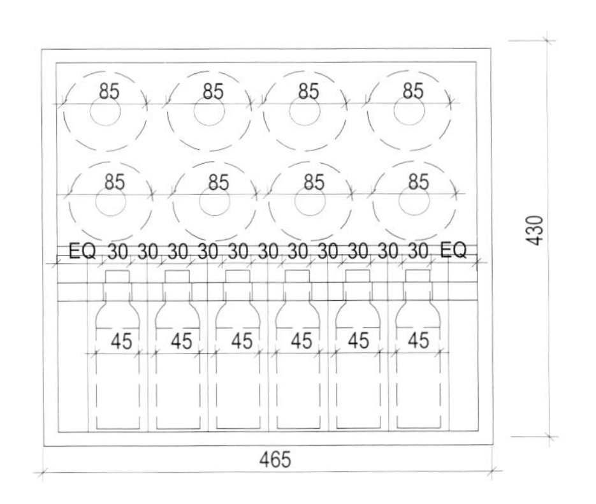

E1 二层抽屉平面图　1：5

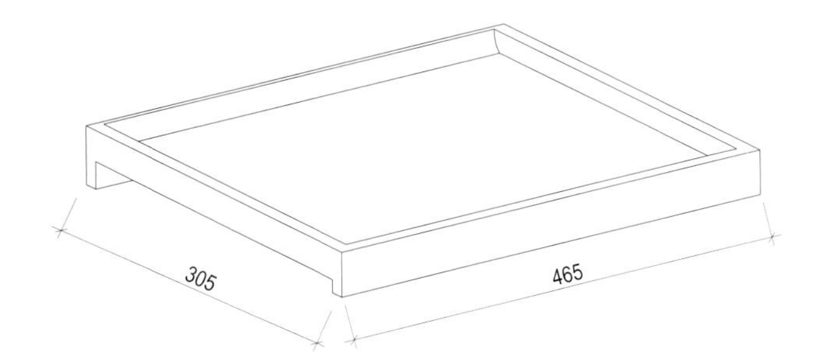

Ⓕ 底层抽屉轴测图　1：5

底层放置物品：电水壶、冰桶

酒杯：
高度：210㎜
口径：＜63㎜

咖啡杯：
高度：55㎜
碟子直径：135㎜

小支装酒瓶：
长度：170㎜
瓶颈直径：25㎜
瓶身直径：45㎜

玻璃杯：
高度：64㎜
直径：87㎜

电水壶：
高度：235㎜
直径：210㎜

冰桶：
高度：220㎜
直径：125㎜

案例 5 Case 5

三维透视图 1

三维透视图 2

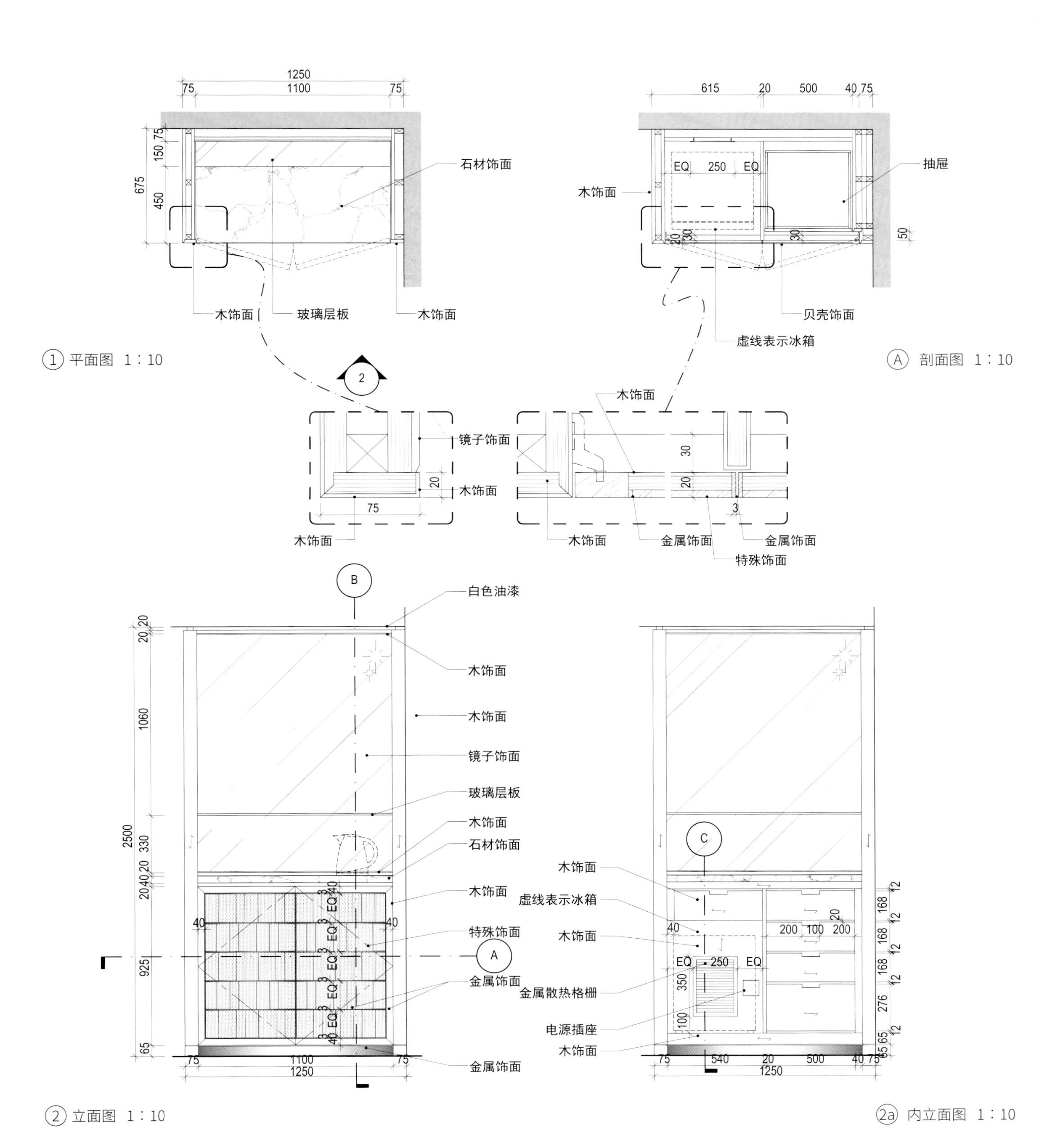

① 平面图 1：10

Ⓐ 剖面图 1：10

② 立面图 1：10

2a 内立面图 1：10

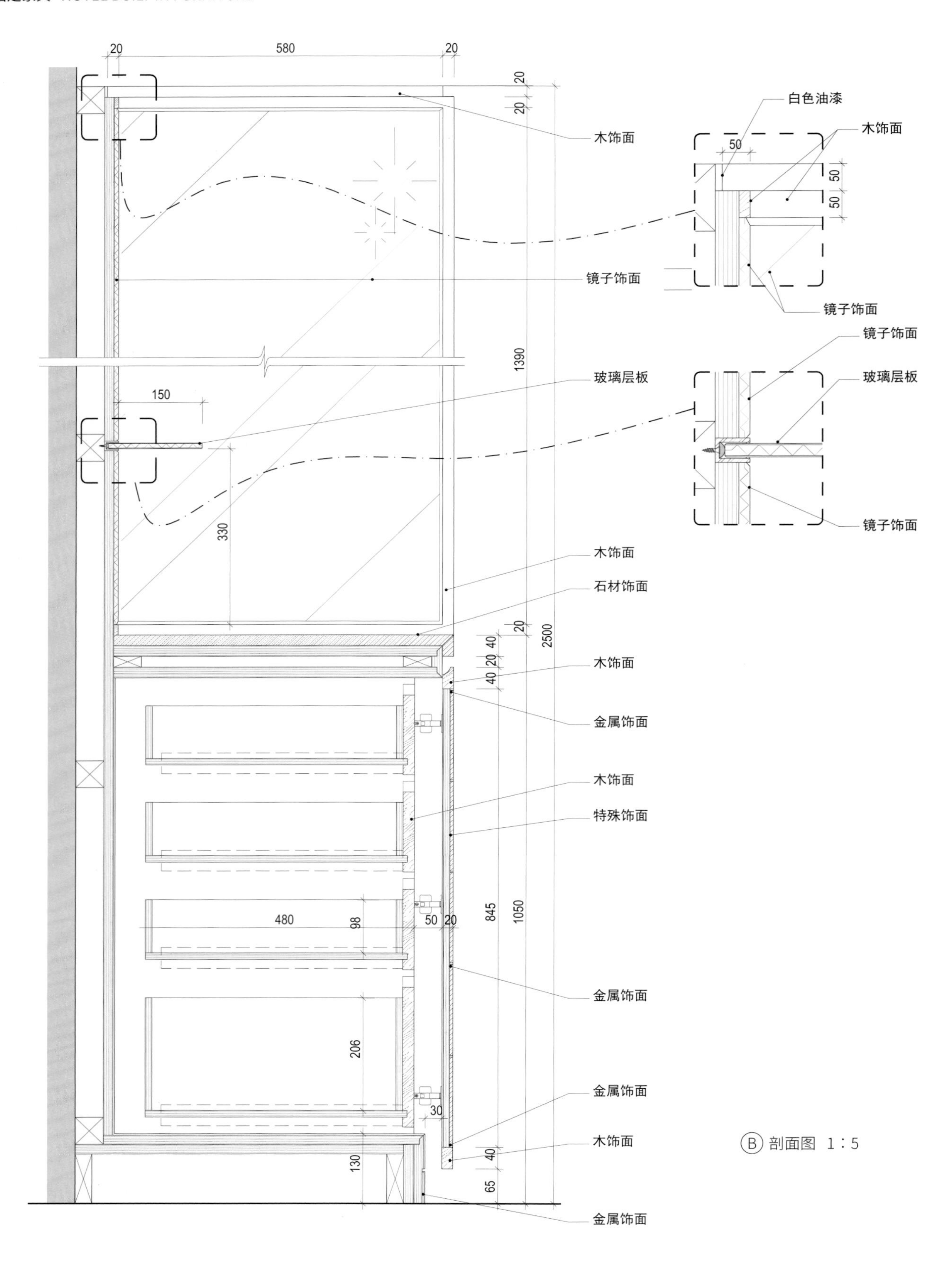
20
580
20
20
20
木饰面
白色油漆
木饰面
50
50
50
镜子饰面
镜子饰面
镜子饰面
1390
玻璃层板
玻璃层板
150
镜子饰面
330
木饰面
石材饰面
20
2500
40
20
40
木饰面
金属饰面
木饰面
特殊饰面
480
98
50
20
845
1050
金属饰面
206
30
金属饰面
木饰面
40
130
65
金属饰面
Ⓑ 剖面图 1：5

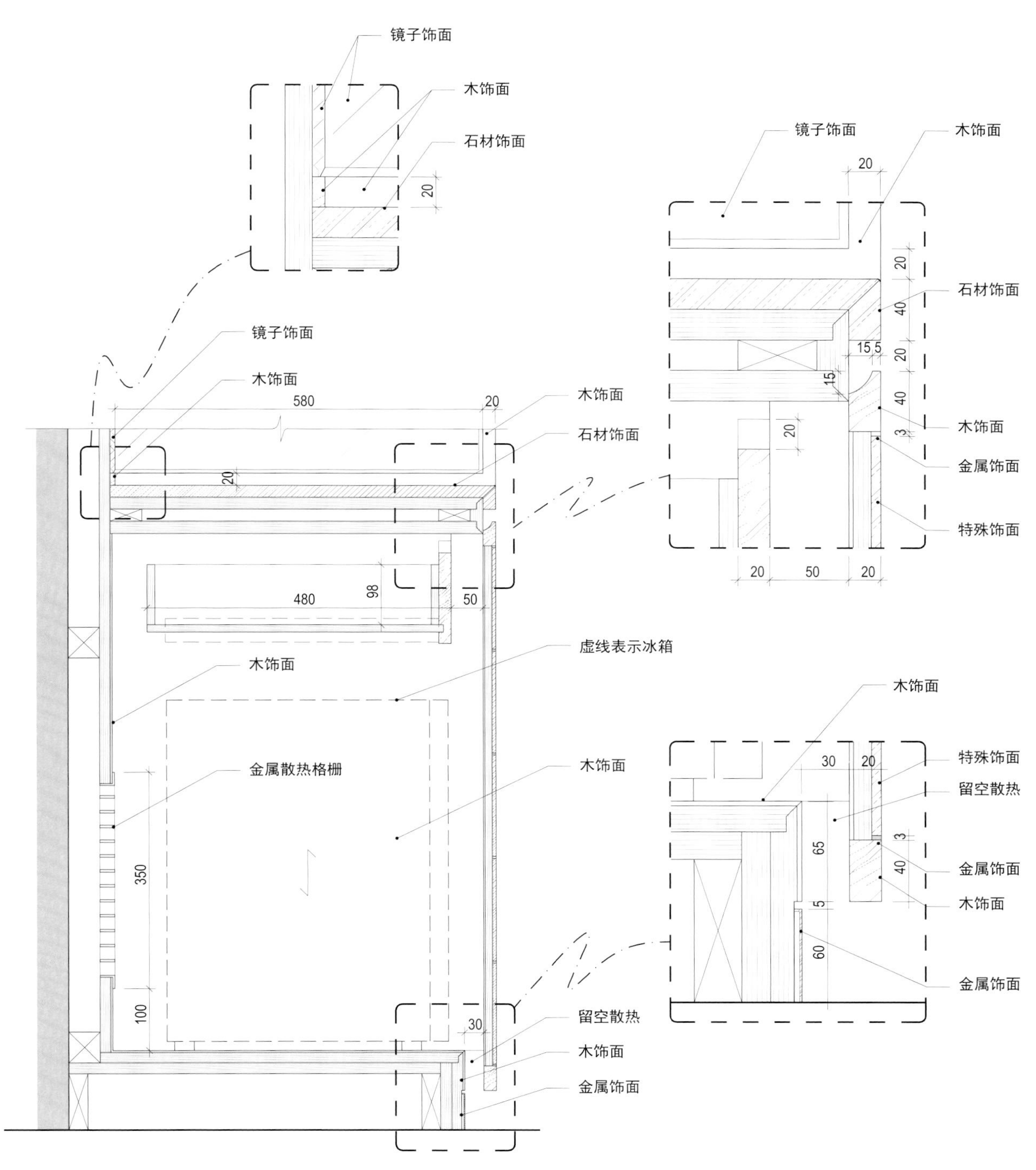

镜子饰面
木饰面
石材饰面
20
镜子饰面
木饰面
580
20
木饰面
石材饰面
20
480
98
50
虚线表示冰箱
木饰面
金属散热格栅
木饰面
350
100
30
留空散热
木饰面
金属饰面
镜子饰面
木饰面
20
20
石材饰面
40
15.5
20
15
40
木饰面
3
20
金属饰面
特殊饰面
20
50
20
木饰面
30
20
特殊饰面
留空散热
3
65
40
金属饰面
木饰面
5
60
金属饰面

Ⓒ 剖面图 1：5

3

书 桌

DESK

如果客房面积允许，布置书桌可以让住客获得宾至如归的感受。书桌可以选择靠墙或垂直于墙面的布局方式，书桌与桌椅需与室内装饰风格相协调。书桌是提供住客办公、阅读的区域，有时也兼作梳妆功能。

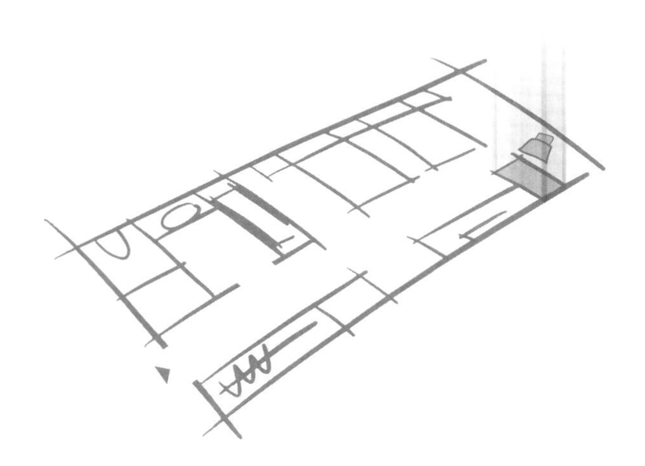

书桌功能 Desk Function

A 书写

B 上网

C 电话

D 纸、笔

E 酒店介绍

F 化妆镜

G 台灯

阅读、办公

书写、上网、电话。

收纳

纸、笔、酒店介绍或其他介绍手册。

化妆

配置化妆镜。

布局 Layout

由于客房面积平面布局的限制，书桌一般位于客房休息区的后部，可以垂直于墙面布置或平行于墙面布置。

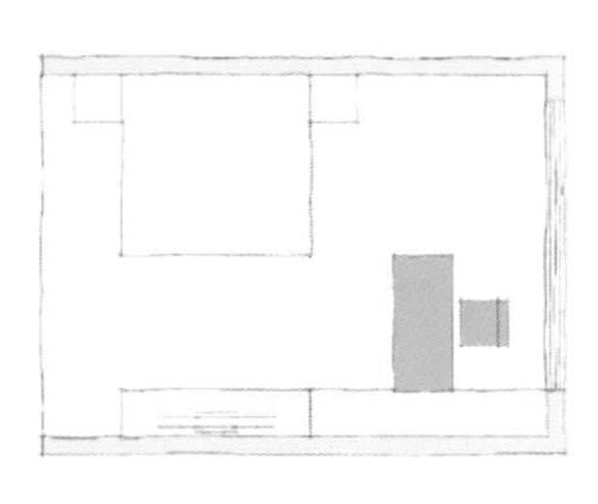

布局 1

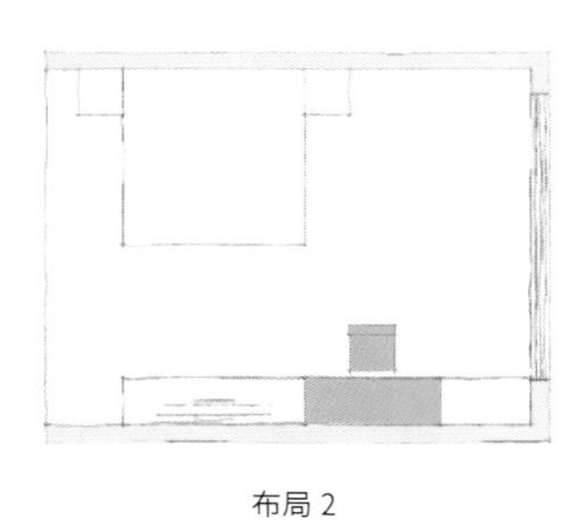

布局 2

书桌的重要尺寸 Size of Desk

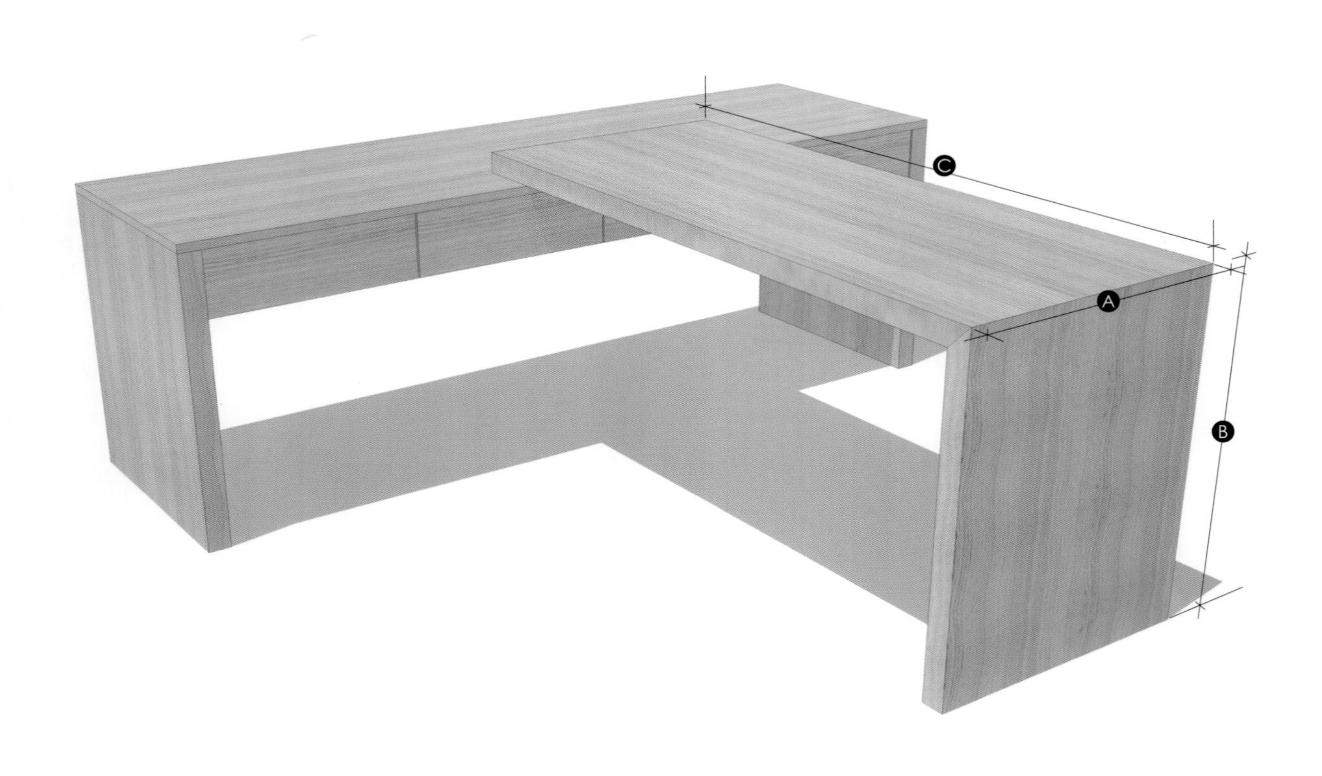

A 尺寸：600~700mm
书桌宽度

B 尺寸：700~760mm
书桌高度

C 尺寸：1 300~1 500mm
书桌长度

书桌柜构造及安装　Desk Structure and Installation

书桌可选用木、玻璃、皮革等饰面，要配备抽屉。办公椅要符合人体工程学，可调节高度和角度。

木饰面

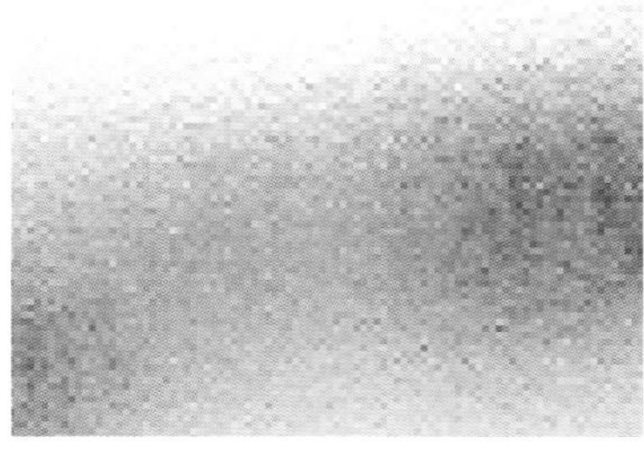

玻璃

皮革

书桌抽屉

椅背可调节高度

案例 1　Case 1

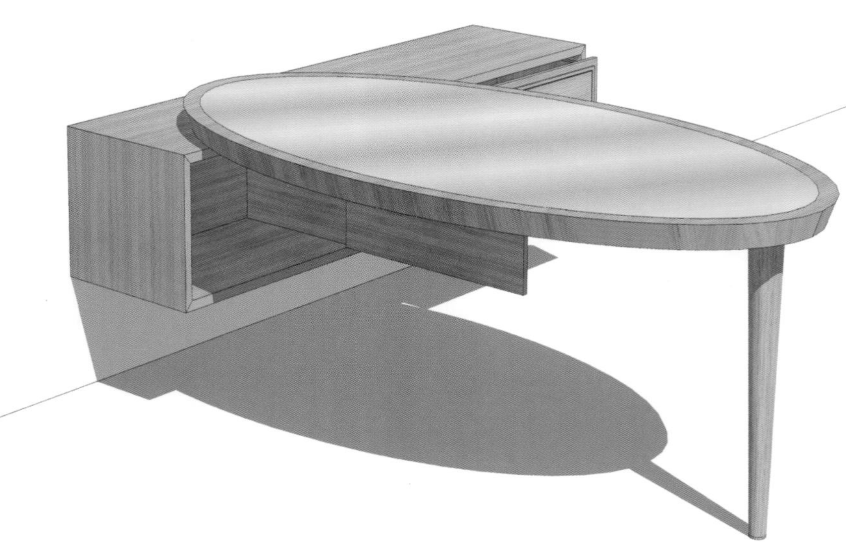

三维透视图 1

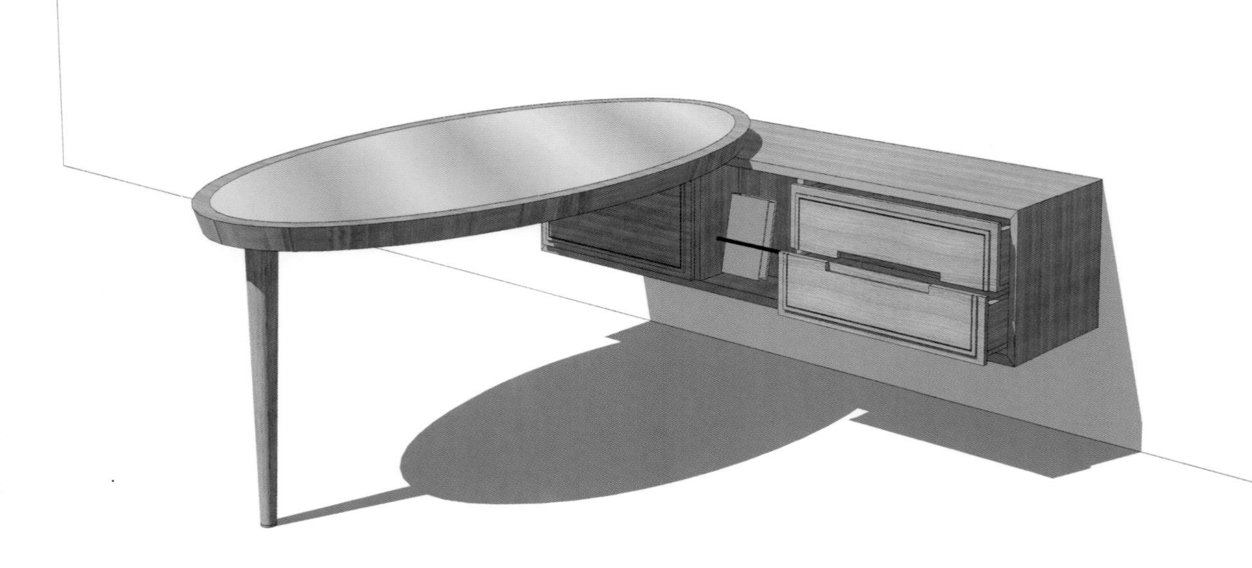

三维透视图 2

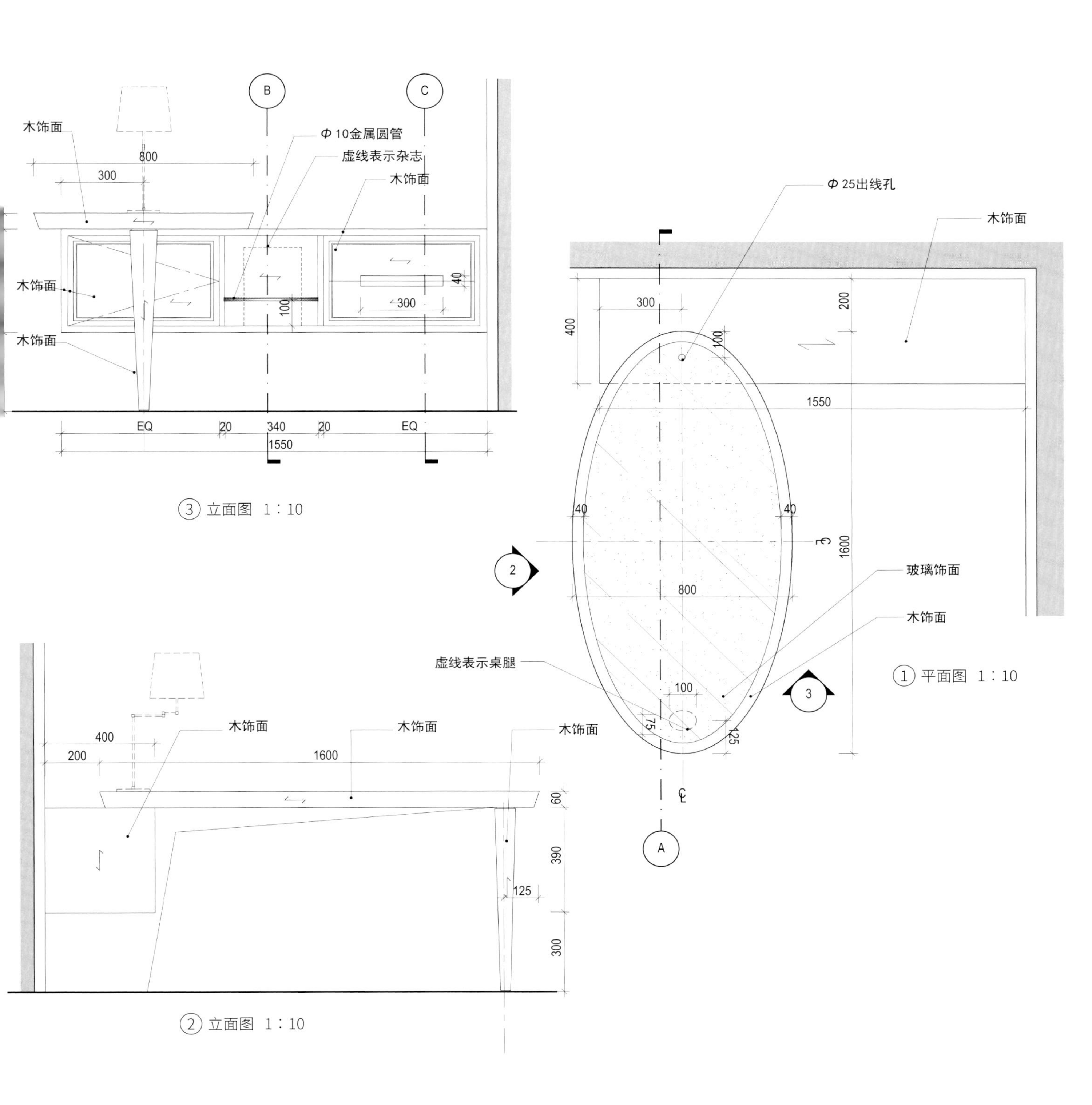

③ 立面图 1：10

① 平面图 1：10

② 立面图 1：10

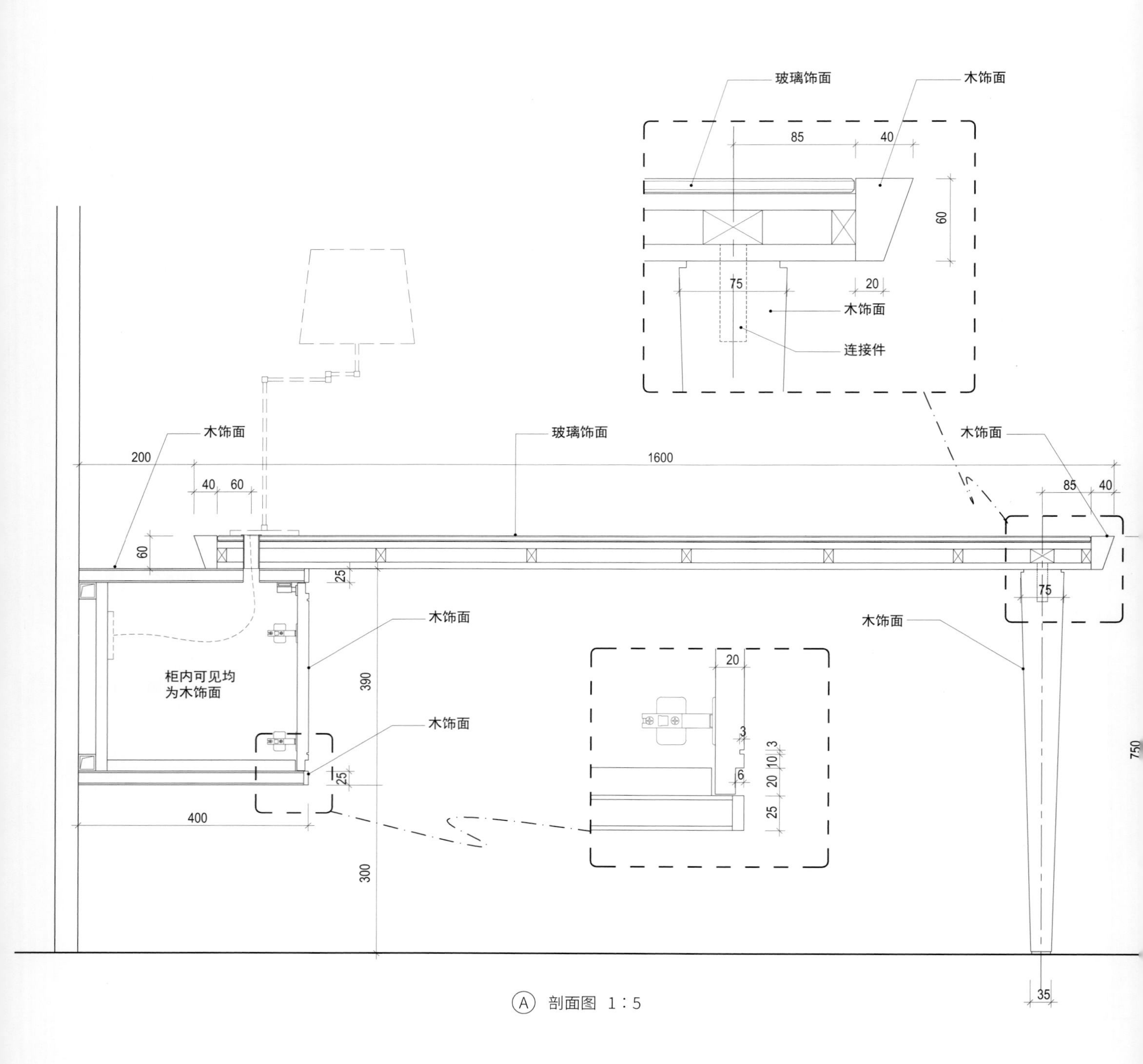

玻璃饰面
木饰面
85
40
60
75
20
木饰面
连接件
木饰面
玻璃饰面
木饰面
200
1600
40
60
85
40
60
25
75
木饰面
木饰面
柜内可见均
为木饰面
390
20
木饰面
3
3
10
20
6
25
25
400
300
750
35

Ⓐ 剖面图 1：5

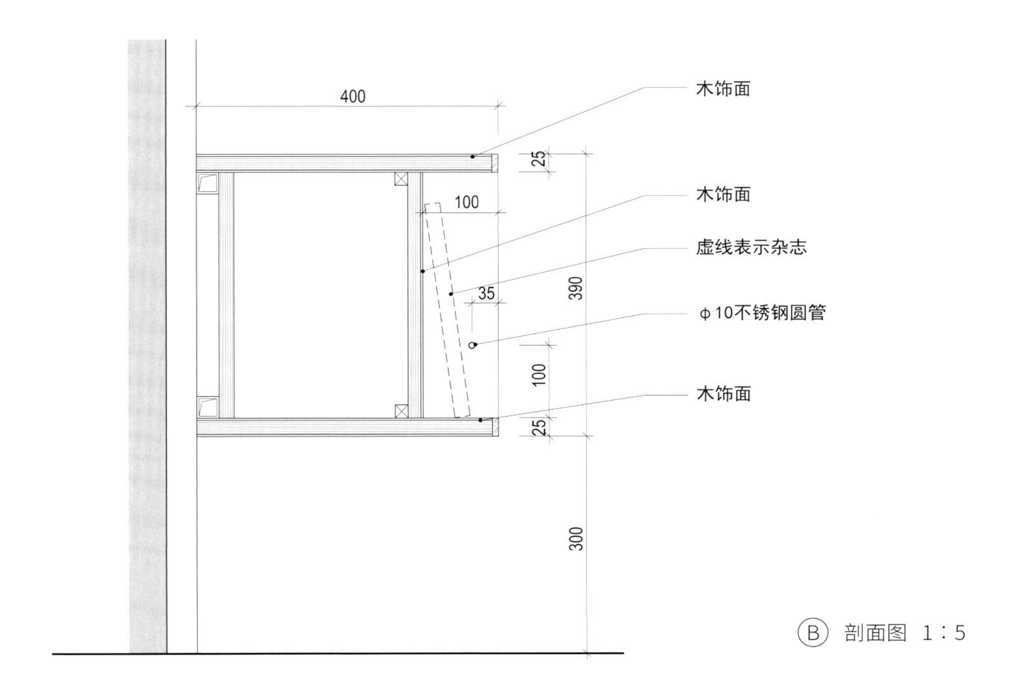

400
木饰面
25
木饰面
100
虚线表示杂志
35
390
ф10不锈钢圆管
100
木饰面
25
300

Ⓑ 剖面图 1：5

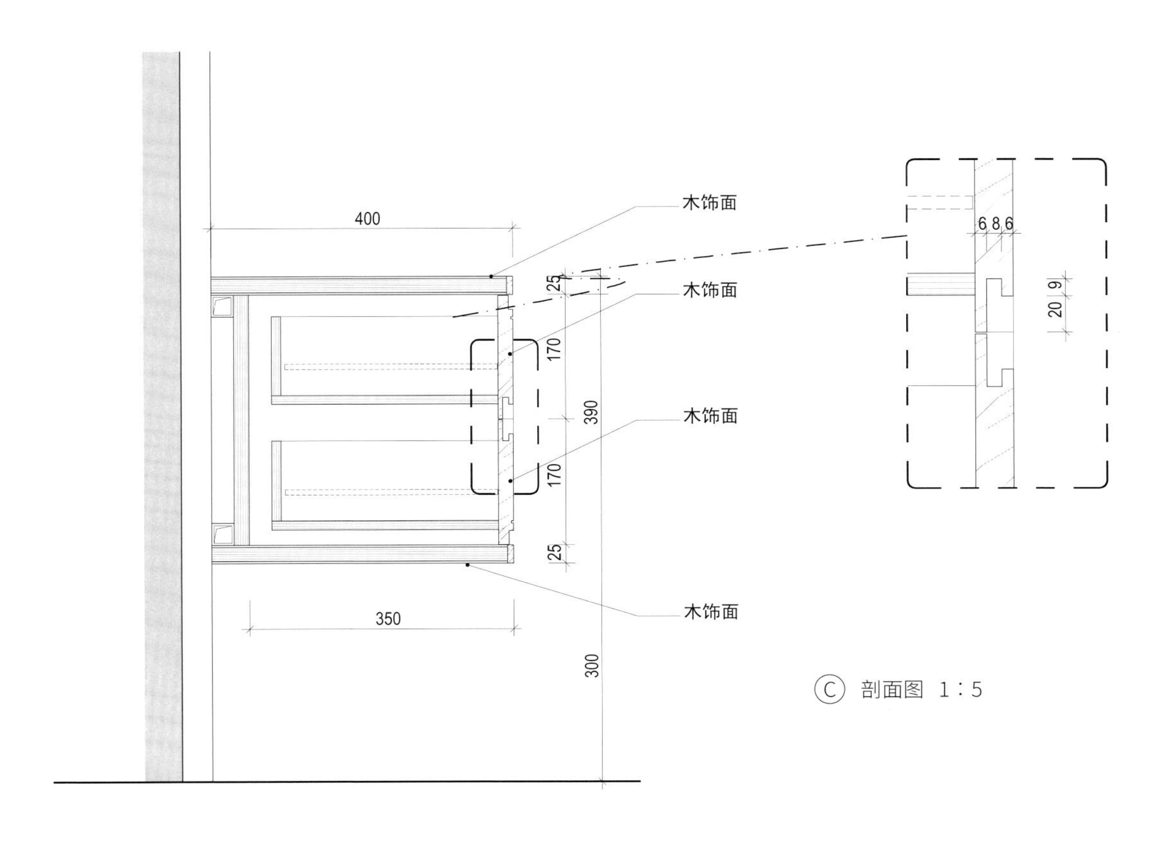

400
木饰面
25
木饰面
170
390
木饰面
170
25
木饰面
350
300
6 8 6
20 9

Ⓒ 剖面图 1：5

案例 2　Case 2

三维透视图 1

三维透视图 2

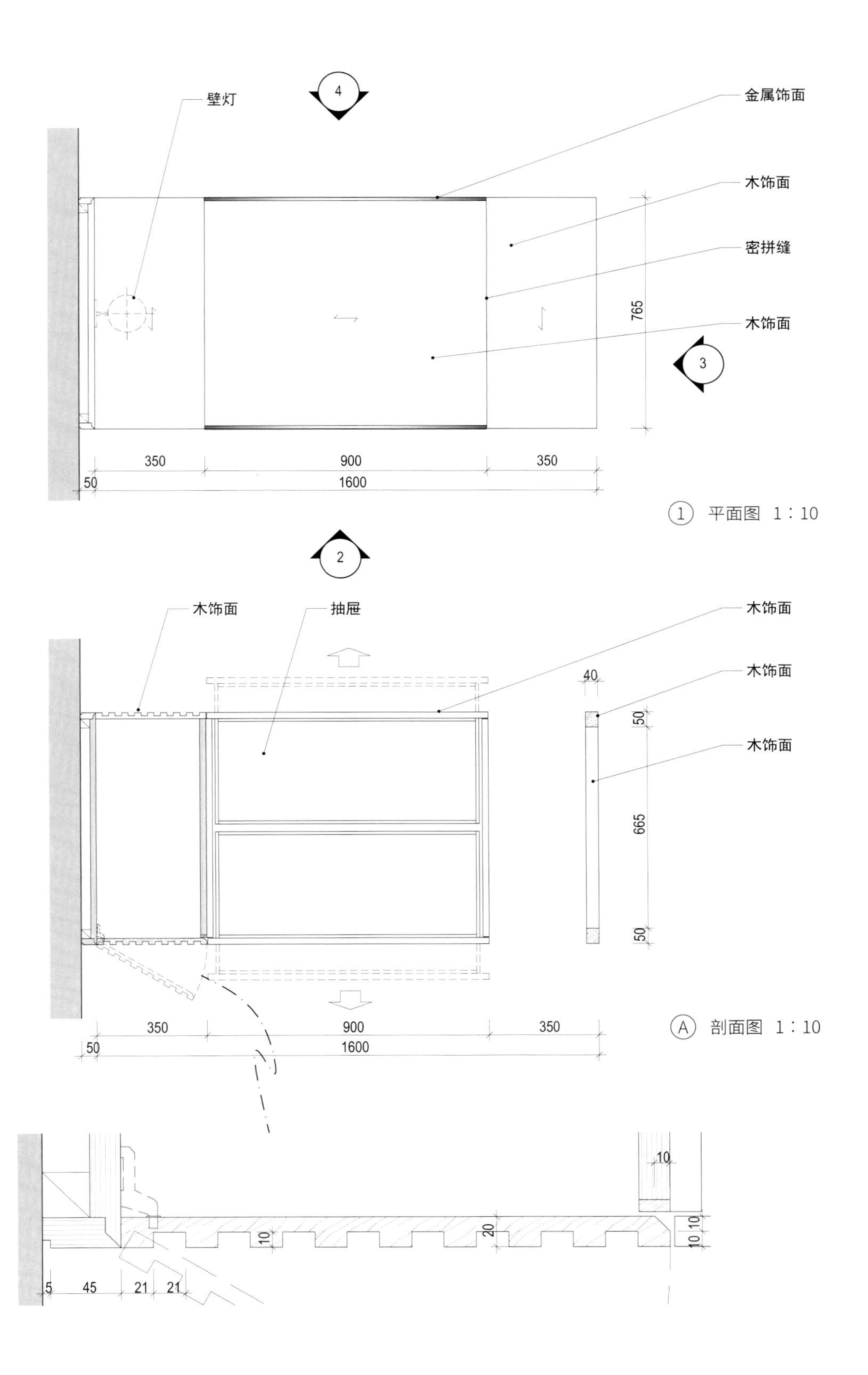

4
壁灯
金属饰面
木饰面
密拼缝
木饰面
765
3
350
900
350
50
1600
① 平面图 1：10
2
木饰面
抽屉
木饰面
40
木饰面
50
木饰面
665
50
350
900
350
50
1600
Ⓐ 剖面图 1：10
10
10
20
10
10
5
45
21
21

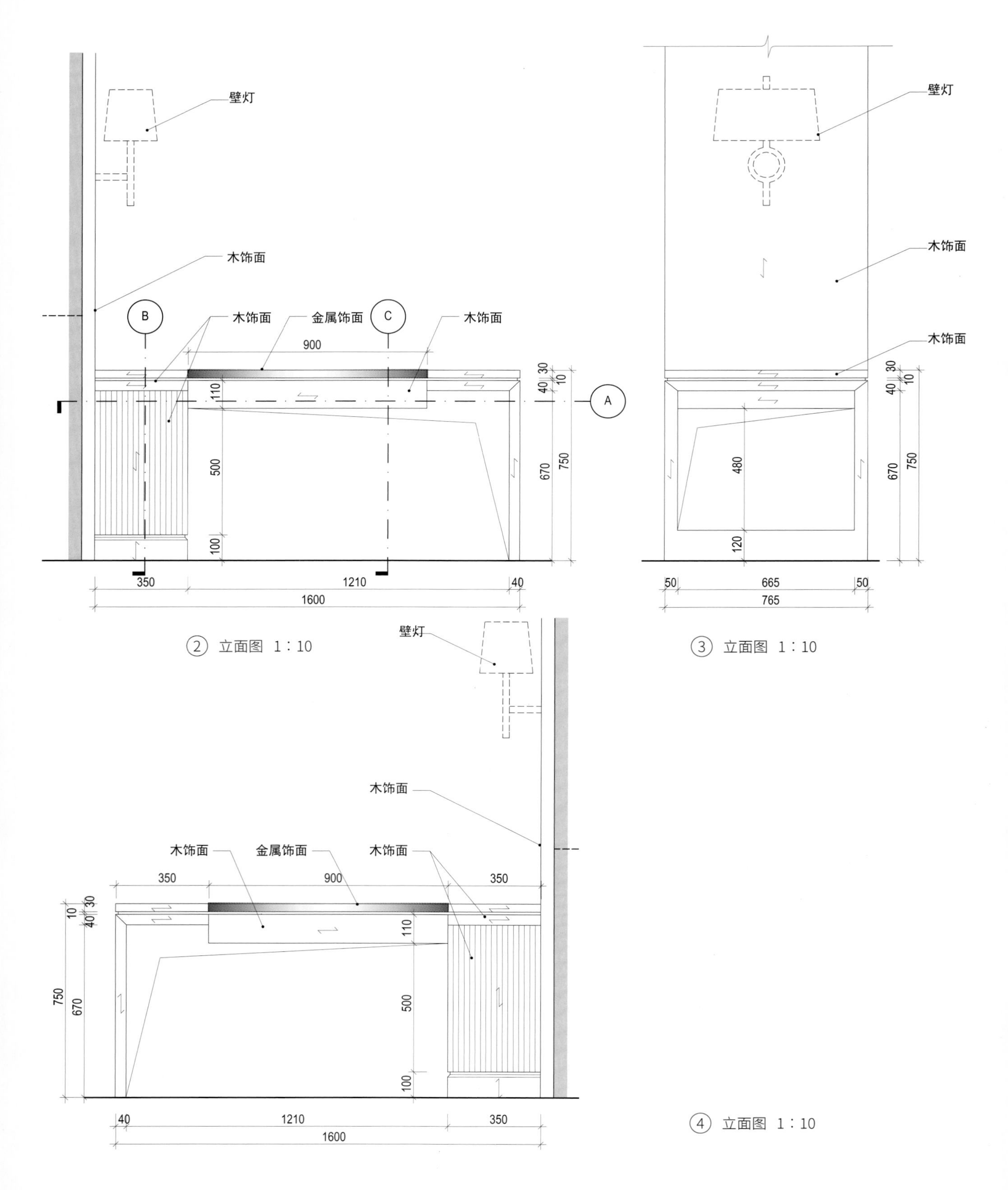

② 立面图 1：10

③ 立面图 1：10

④ 立面图 1：10

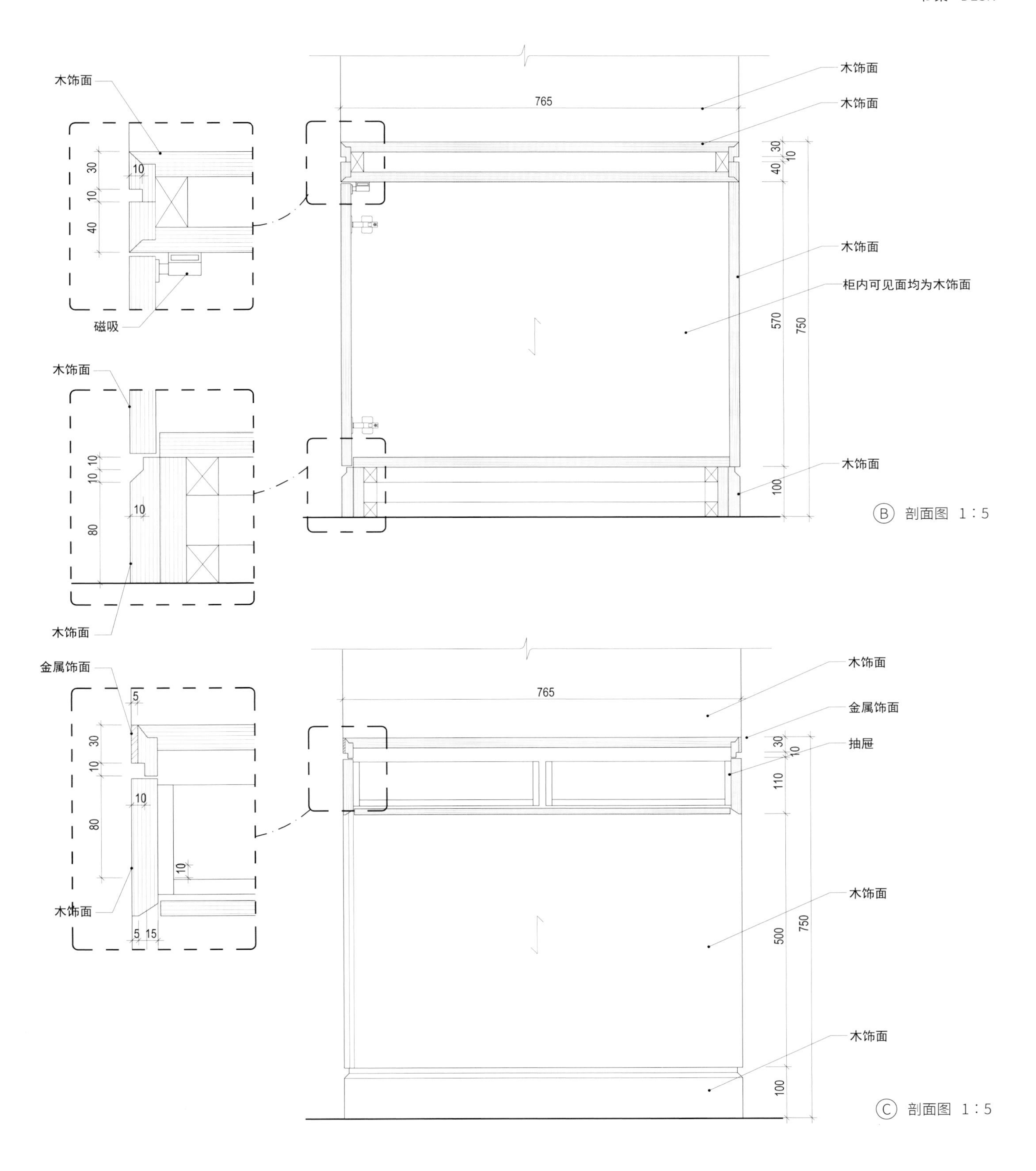
木饰面
木饰面
木饰面
765
30
10
40
10
磁吸
木饰面
柜内可见面均为木饰面
570
750
木饰面
10
10
10
80
100
木饰面
Ⓑ 剖面图 1：5
金属饰面
5
765
木饰面
金属饰面
抽屉
30
10
110
10
80
10
木饰面
5 15
木饰面
500
750
木饰面
100
Ⓒ 剖面图 1：5

4

台盆柜

BASIN CABINET

台盆柜设置在卫生间内，供客人洗漱、理容使用。一般配置洗脸盆、天然石材台面、挡水板、木质柜体或挡板，可以挂墙安装或通过支腿支撑。

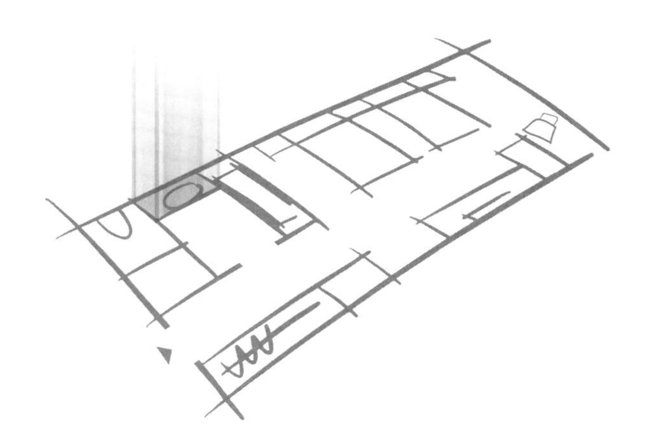

台盆柜功能　Basin Cabinet Function

洗漱理容

洗面、刷牙、梳妆、剃须、吹风。

收纳置物

放置酒店提供的洗漱用品及客人自带的用品。

其他功能

电视、照明、插座。

- A 台盆
- B 龙头
- C 镜子
- D 化妆镜
- E 电视
- F 毛巾杆
- G 照明
- H 插座

台盆　Basin

酒店的标准客房一般选择台下盆，也可选用台上盆，台盆尺寸不小于400mm×480mm。

龙头 Tap

水龙头要有防烫功能，出水温度一般要求不超过 68°C，并有冷热水显示，常见冷热水龙头分为单控和双控。此外，龙头可根据不同的台盆选择不同的出水方式。

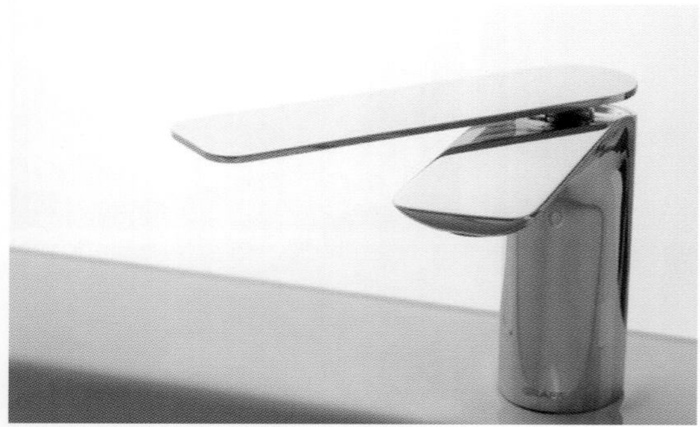

单控水龙头

双控水龙头

台面出水

台盆出水

墙出水

镜子和化妆镜 Mirror & Vanity Mirror

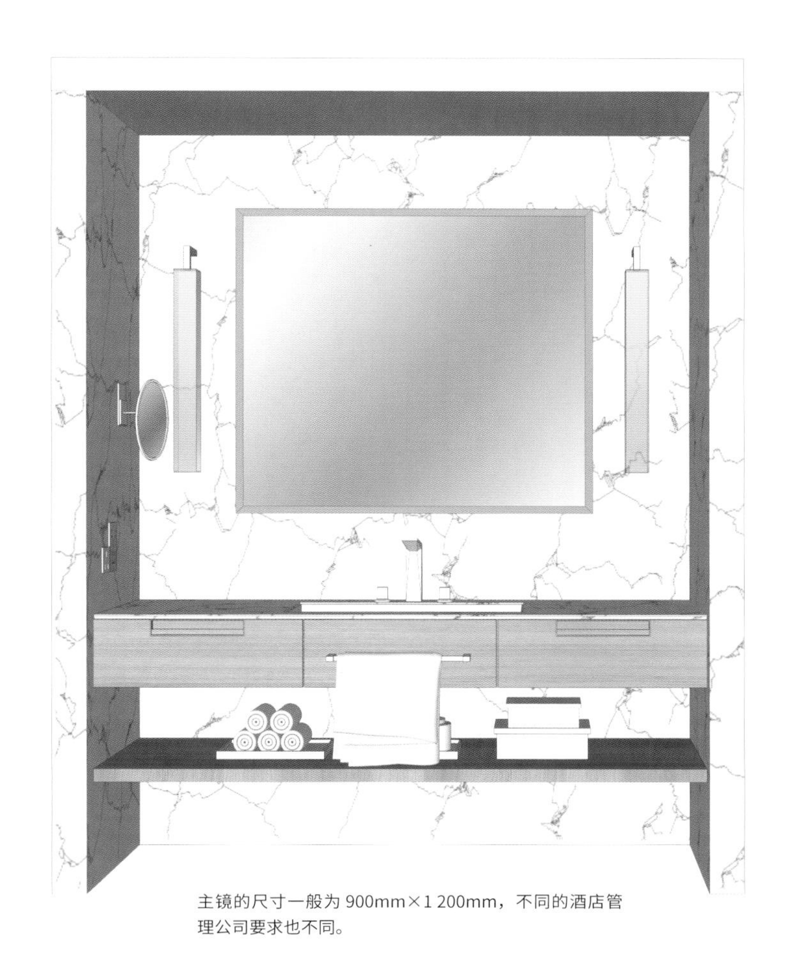

主镜的尺寸一般为 900mm×1 200mm，不同的酒店管理公司要求也不同。

化妆镜能方便客人剃须、化妆，可旋转，一面为平镜，一面为凸镜（一般放大 3 倍）。镜面一般安装在台盆侧面墙上，也可选择独立放置在台面上。镜面底部可设开关或与卫浴灯具开关串联为一路。化妆镜充电方式可分为电池、插电、USB 接口三种，或与灯具开关连接，无需充电。

防雾 Anti-frogging

由于浴室的使用环境，主镜与化妆镜都需具有防雾功能。一般使用 PVC 或 PET 防雾膜，它能将电能高效转化成热能，传导至镜片，使镜面温度迅速升高，温度保持在 12°C左右，阻止水汽在镜面凝结。防雾电源开关可以和灯具串联为一路，也可以通过热水阀门打开后感应触发防雾功能，后一种方式更加节能环保。

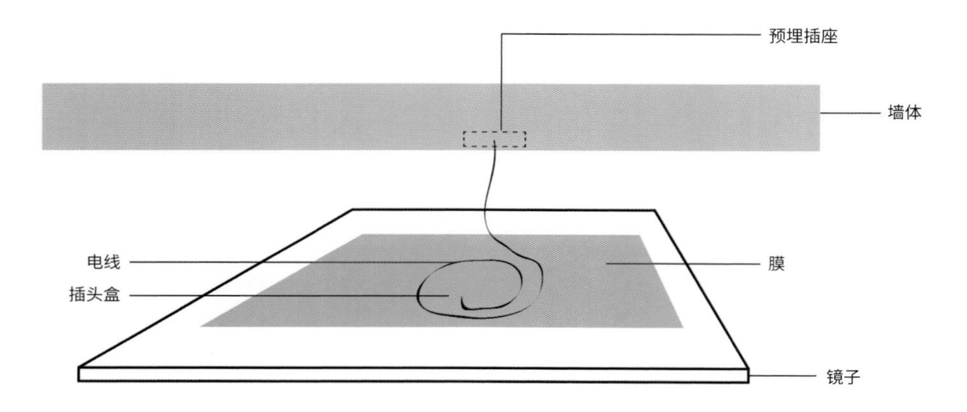

防雾膜

镜面电视 Mirror TV

镜面电视是液晶电视和镜子相结合的产品，在液晶电视关闭时呈现的是正常的镜子，液晶电视开启时，则从镜子中呈现电视画面。镜面电视具有很高的防水性及安全性，是一款比较成熟的产品。镜面电视普遍以电子级的超白玻璃作为主材，反射涂层为银色涂层。内置防水液晶电视机，电视机部分采用可拆卸结构以方便检修，密封式机身达到防水等级。电视机壳采用耐腐蚀的喷涂技术，确保金属后壳既能够快速散热，又经久耐用。

电视关闭时呈现的是正常的镜子

电视开启时则从镜子中呈现电视画面

电视尺寸范围：17~65 英寸
镜子尺寸范围：
500mm×350mm~3 300mm×2 400mm

镜面电视安装草图及流程

方法 1

墙面预先留插座槽；

根据镜面尺寸订制一圈不锈钢固定框、强性磁铁和磁铁钢条；

用膨胀螺栓固定磁铁钢条于墙面；

强性磁铁吸附在磁性钢条上；

不锈钢固定框吸附在强性磁铁上；

镜面黏附在不锈钢固定框上。

如需维修，可拿吸盘吸附于镜面取下电视。镜面电视一般为防水低功耗电视，散热问题可忽略不计。

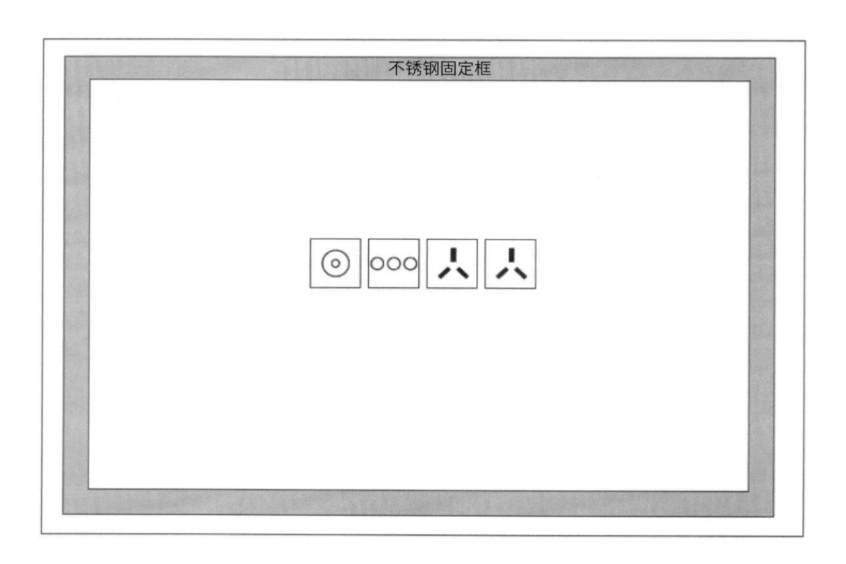

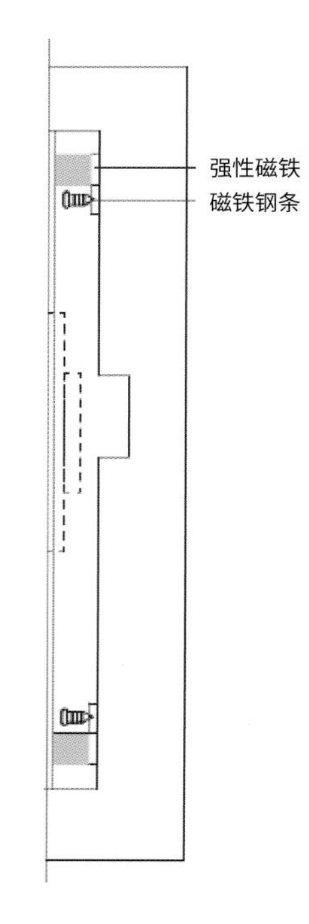

方法 2

1. 按照玻璃尺寸在墙上预留孔位
2. 安装挂机
3. 安装
4. 收边处理
5. 拆卸检修

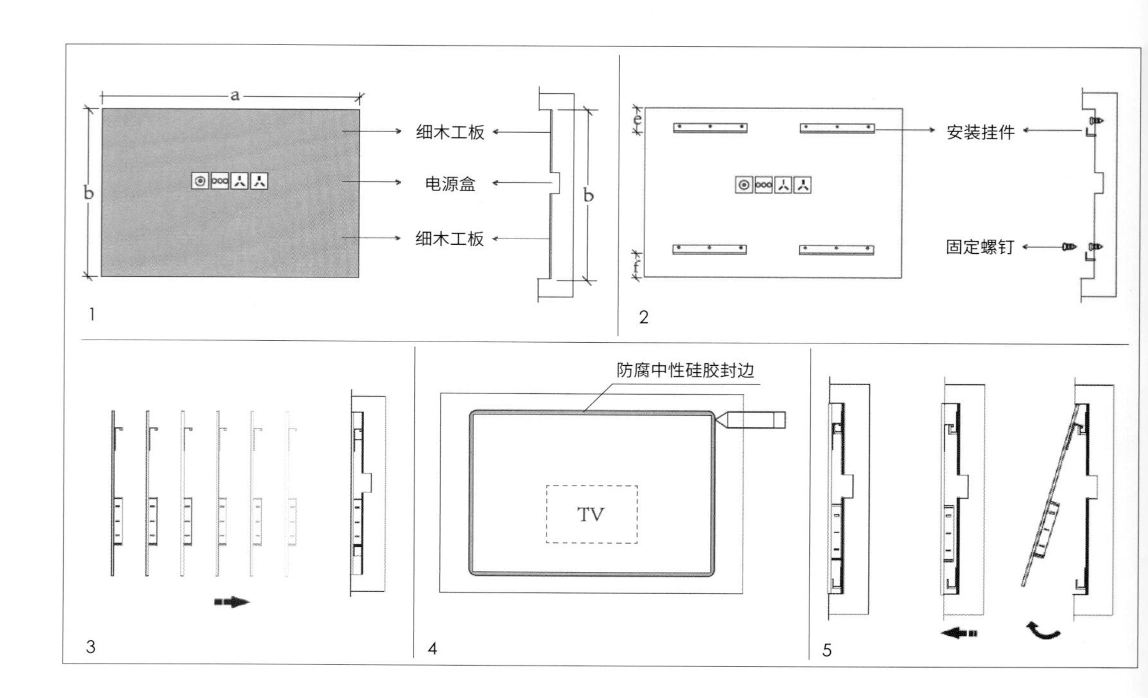

毛巾杆（环） Towel Bar / Ring

根据管理公司要求及设计需要，在台盆柜上适合的位置安装毛巾杆或毛巾环，用来搭挂毛巾。

安装位置图

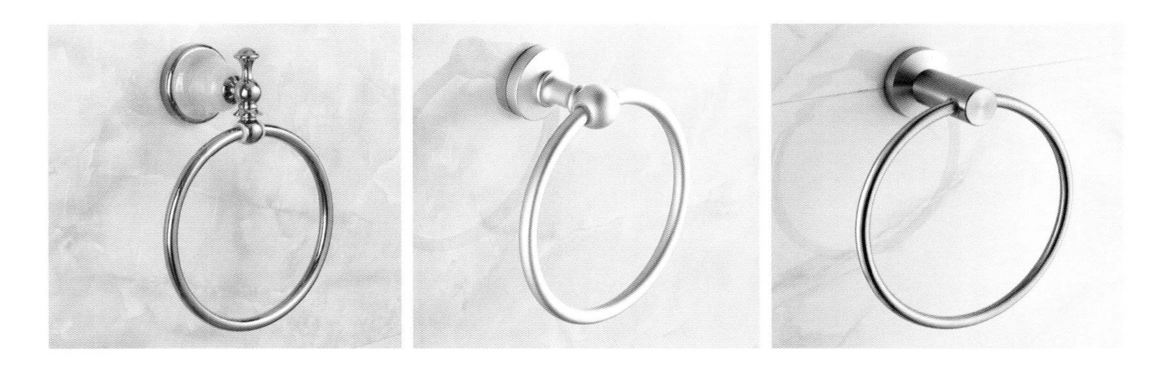

工艺：表面镀铬，材质：全铜、铝合金、不锈钢

照 明 Lighting

下射照明

台盆柜区域的照明可以分为天花下射照明、壁灯照明、镜面照明和夜灯照明等几种方式，具体采用哪一种或哪几种方式组合应根据功能和效果来决定。卫生间区域湿区的光源都应达到防水等级 IP65。

壁灯照明

壁灯的安装位置通常在镜子两侧或墙壁两侧，壁灯中心距地高度在 1 500mm 左右。

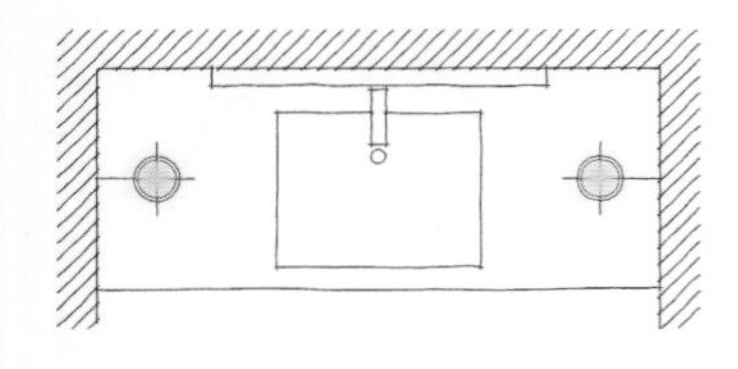

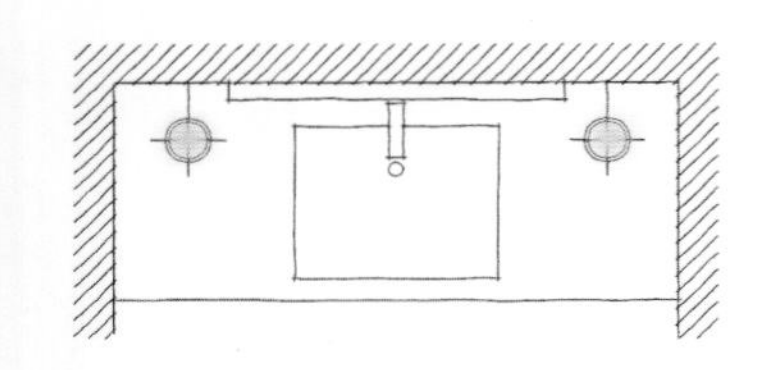

镜面照明

镜面照明需考虑的一个设计重点是暗藏灯具的安装及检修，尤其是在“镜面照明 2”方案中，灯具置于镜内，如果没有考虑好检修方式将会对外观造型和使用及生产带来很大的麻烦。市场上已经有专业厂家进行成品灯镜的研发，可以通过专门的构造和五金来解决检修问题。

镜面照明 1

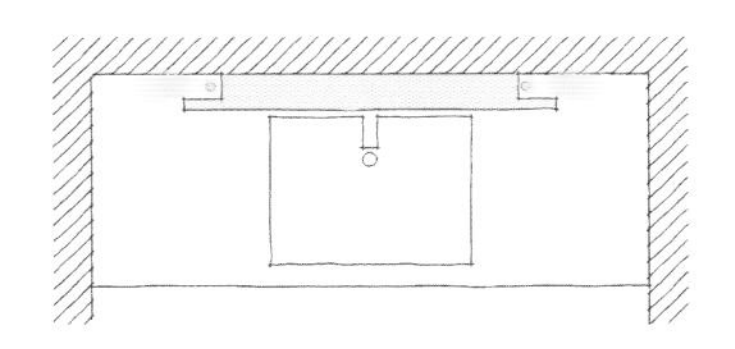

镜面照明 2

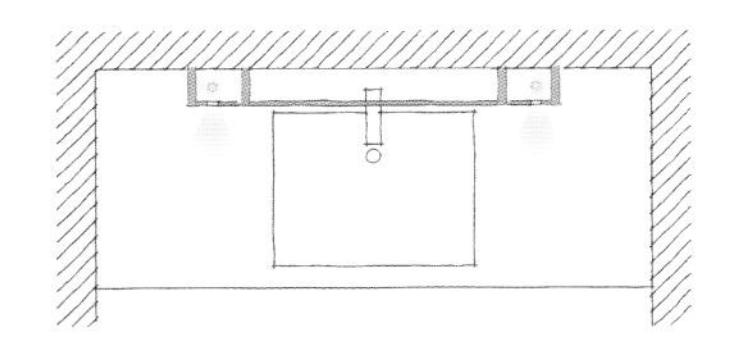

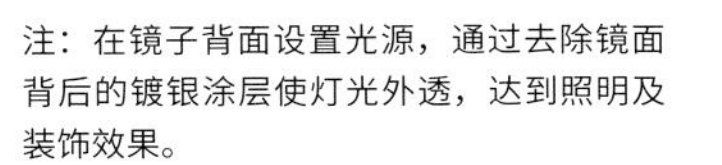

注：在镜子背面设置光源，通过去除镜面背后的镀银涂层使灯光外透，达到照明及装饰效果。

夜灯照明

在夜晚提供基础照明模式，卫生间的夜灯多置于台盆柜下，集装饰功能于一体，功率建议低于 5W/m。

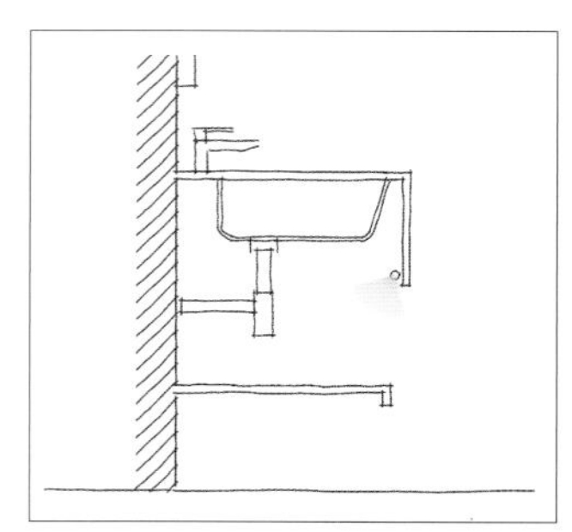

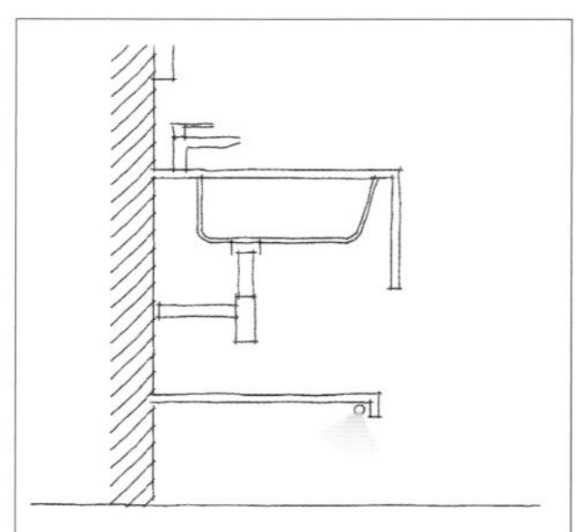

注：夜灯除了长明模式，还可以采用人体感应模式。

插座 Socket

台盆柜区域一般设置剃须插座和吹风机插座。

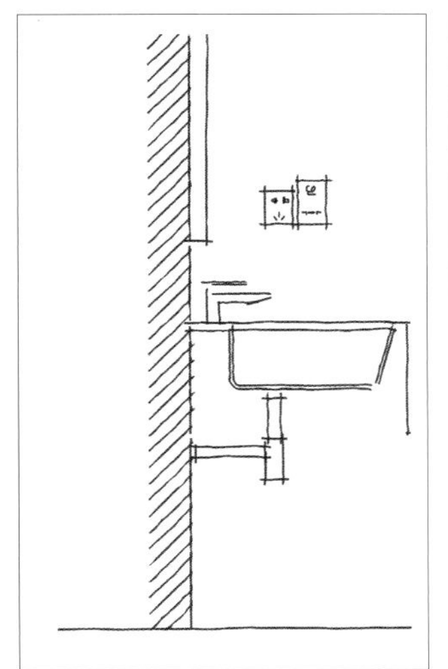

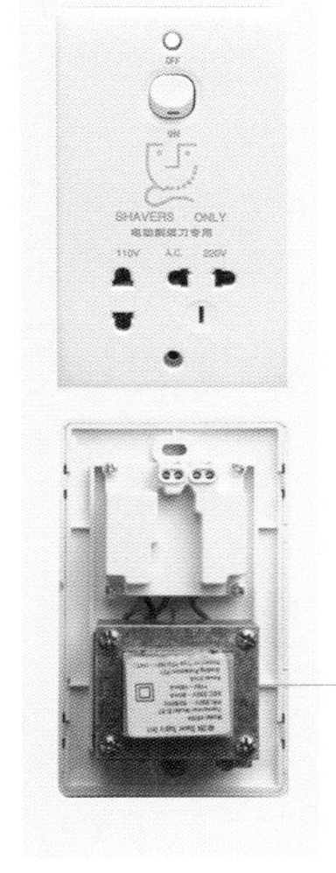

剃须插座

剃须插座由变压器、铜件、银点等组成，专为酒店客人自备剃须刀充电使用。

剃须刀配套设计的电源插座有两档电压输出，应方便AC110V、AC220V的剃须刀使用，具有过流保护等功能;插座的银点接触片采用特殊加工的磷青铜片制成，导电性能更完美、经久耐用。

插座采用安全保护门设计，铜片不外漏，不易触电，更安全。

面板采用 PC 材料，坚固、阻燃、抗冲击。

注意：该插座不可作为普通插座使用，仅用于电动剃须刀专用充电。

吹风机插座

吹风机插座对电压无特殊要求，吹风机上的插座也可用于其他电器。吹风机一般功率为 800~1 000W，大的约 1 800W，用标准的 10A，2 500W 插座即可。

台盆柜的重要尺寸 Size of Basin Cabinet

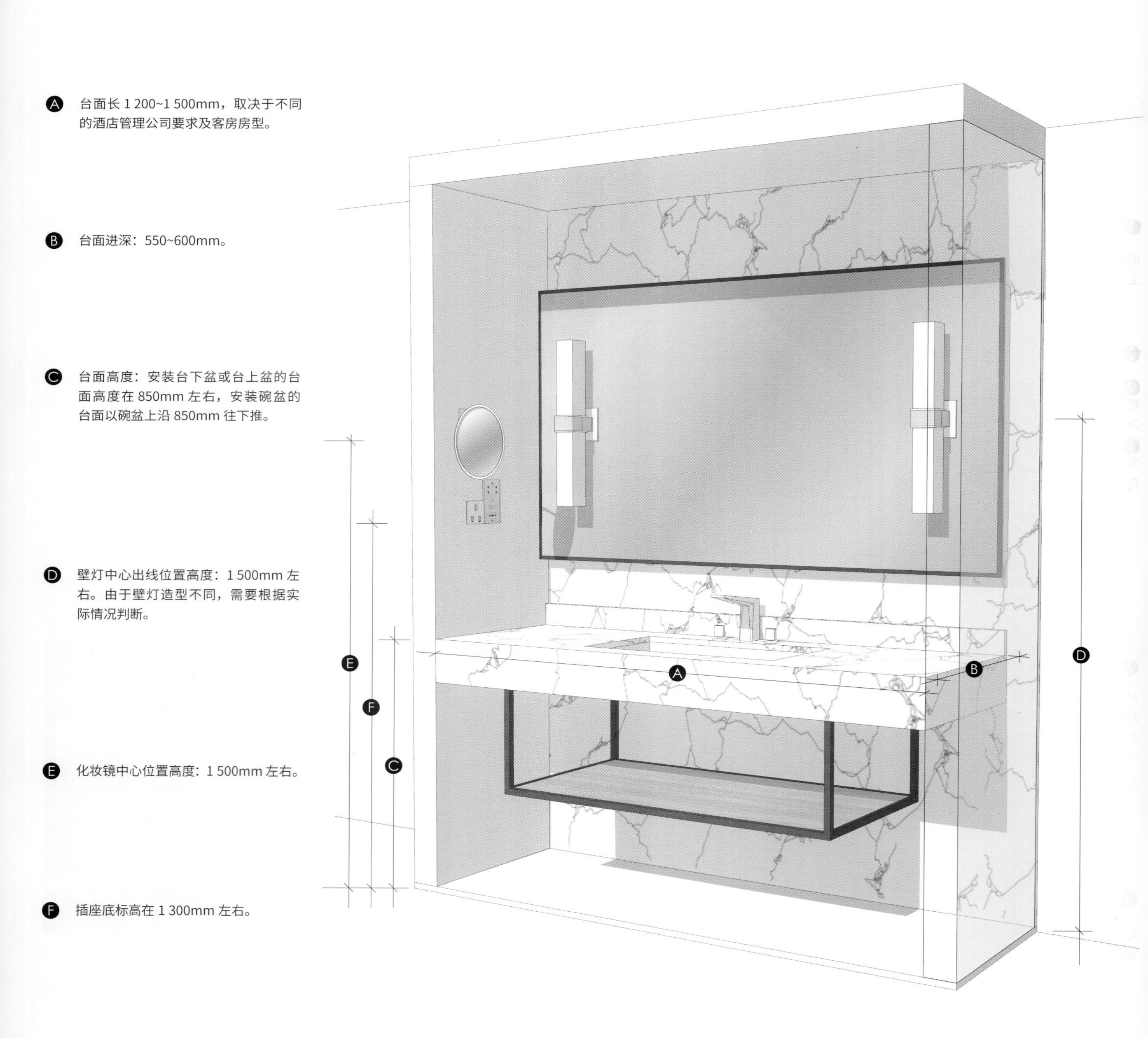

Ⓐ 台面长 1 200~1 500mm，取决于不同的酒店管理公司要求及客房房型。

Ⓑ 台面进深：550~600mm。

Ⓒ 台面高度：安装台下盆或台上盆的台面高度在 850mm 左右，安装碗盆的台面以碗盆上沿 850mm 往下推。

Ⓓ 壁灯中心出线位置高度：1 500mm 左右。由于壁灯造型不同，需要根据实际情况判断。

Ⓔ 化妆镜中心位置高度：1 500mm 左右。

Ⓕ 插座底标高在 1 300mm 左右。

台盆柜的构造及安装　Basin Cabinet Structure and Installation

台盆柜一般由石质台面及挡水板 + 木质 / 石质柜体构成，柜体或挡板能隐藏台盆下水管道。

台盆柜的安装程序

❶ 骨架安装：

用角铁或方钢管焊接出框架并固定在墙壁上。

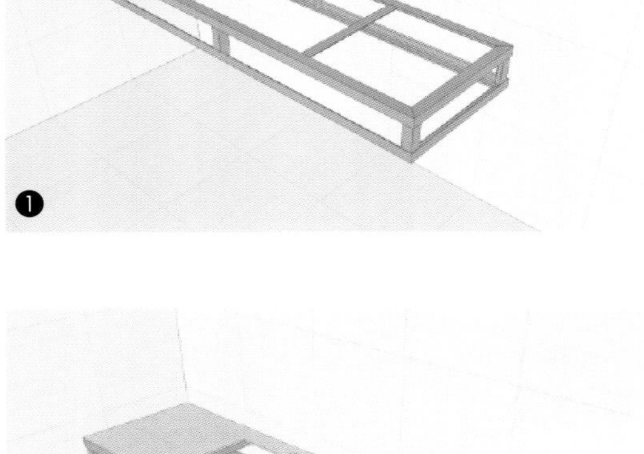

❷ 台面安装：

❷-ⓐ 钢架上覆盖安装 6~8mm 厚水泥板，用螺钉固定；水泥板上预先开好台盆及龙头安装所需的孔洞。

❷-ⓑ 加工好的石材台面开好台盆孔及龙头孔（比水泥板上的小），用结构胶粘在水泥板上。

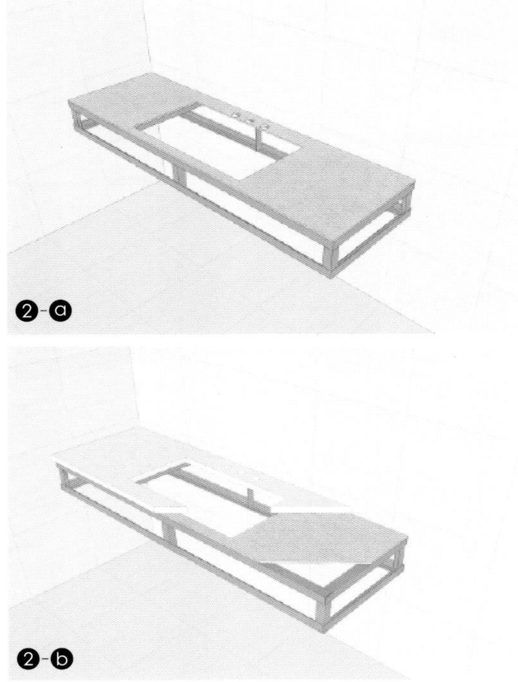

❸ 台盆安装：

从下方将台盆顶在石材台面上，用 Z 字形卡件或其他固定件固定台盆，在台盆与石材交界处用硅胶密封（防水用）。

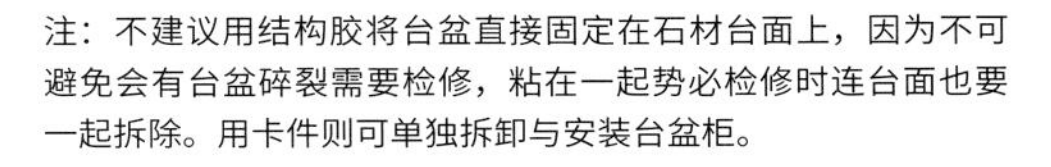

注：不建议用结构胶将台盆直接固定在石材台面上，因为不可避免会有台盆碎裂需要检修，粘在一起势必检修时连台面也要一起拆除。用卡件则可单独拆卸与安装台盆柜。

❹ 柜体安装：

石质柜体直接粘贴在骨架或基层板上；木质柜体固定在骨架或基层板上。

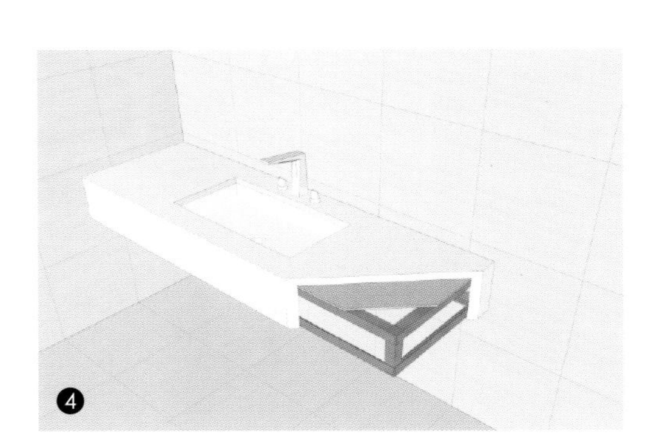

案例 1 Case 1

三维透视图 1

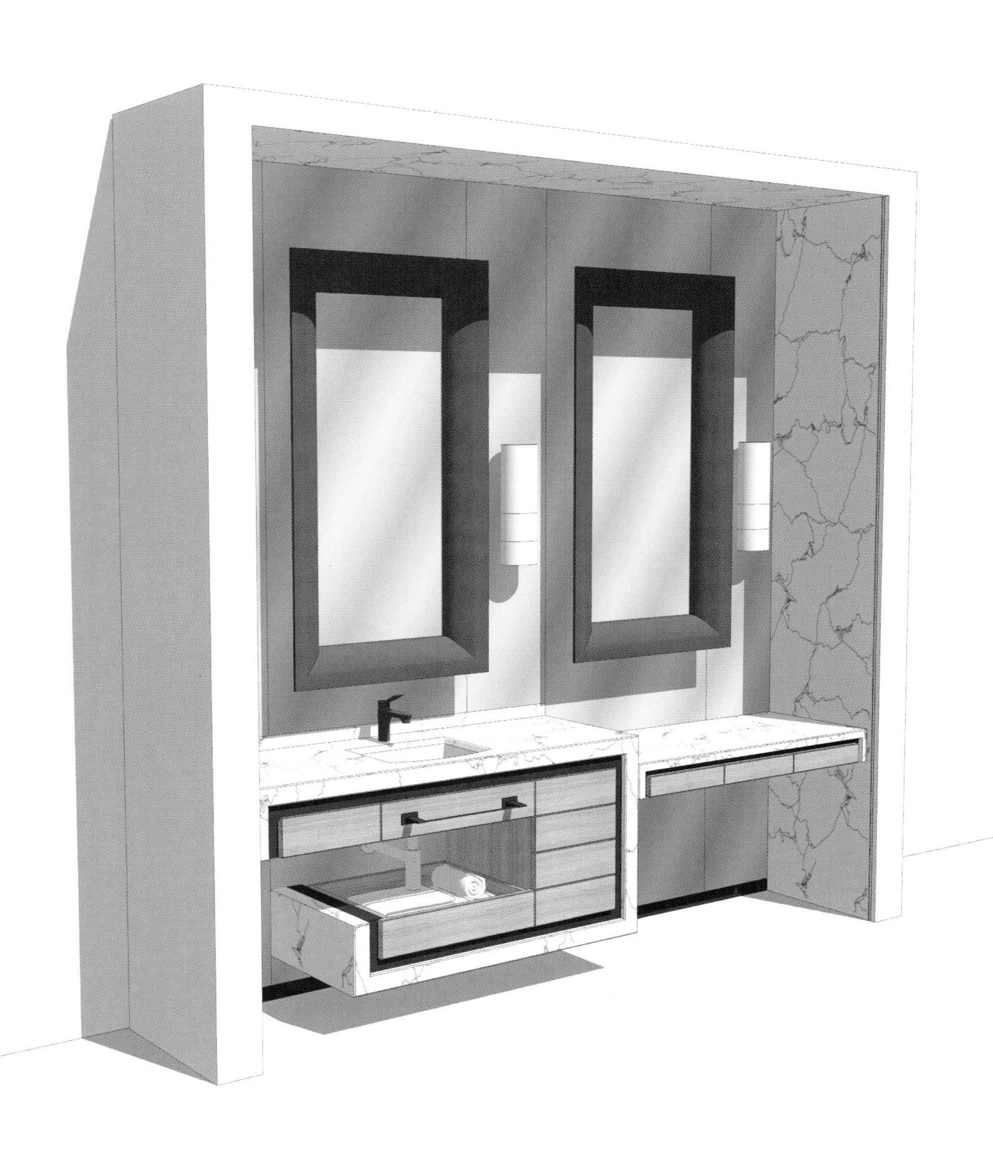

三维透视图 2

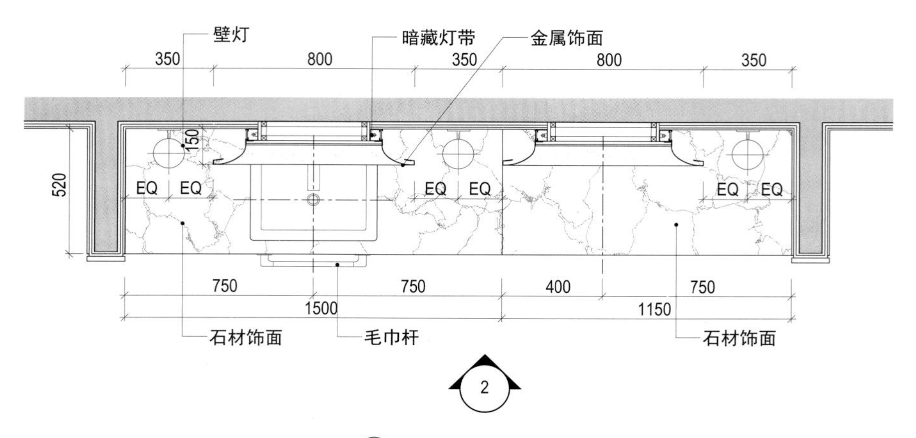

① 平面图 1：10

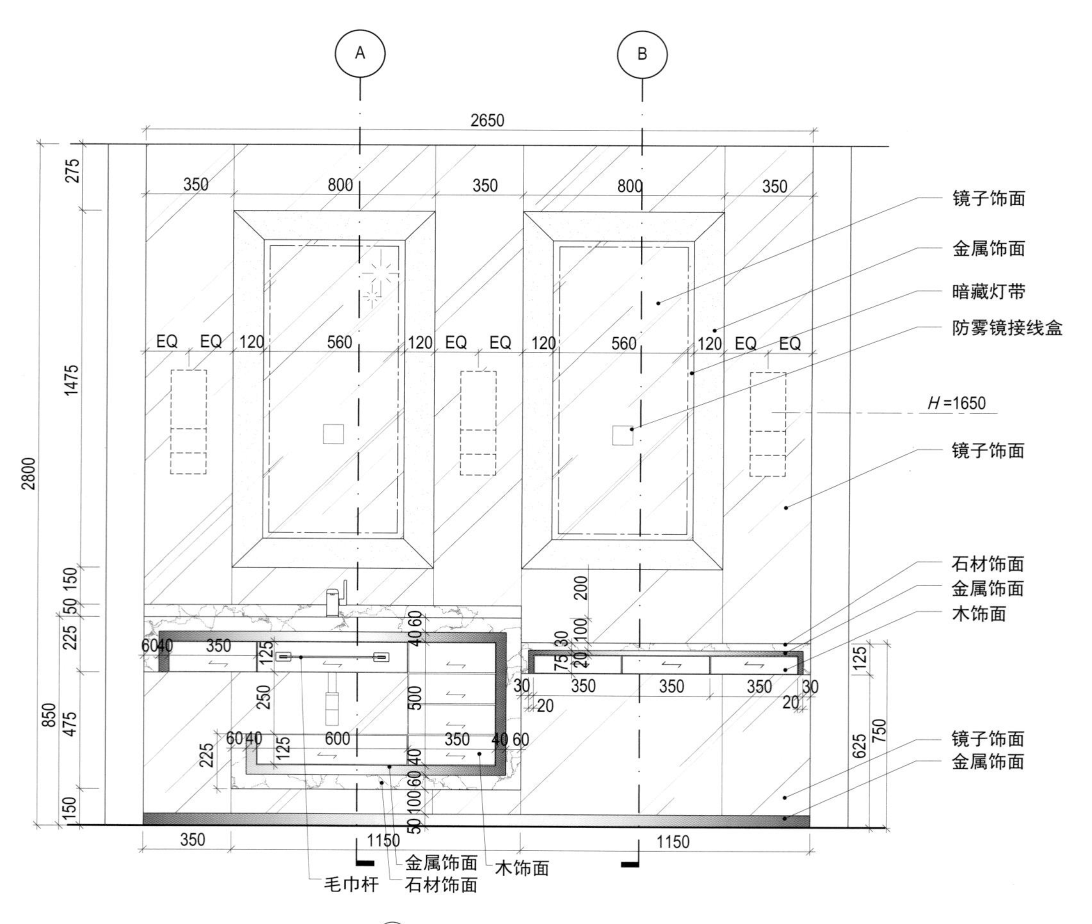

② 立面图 1：10

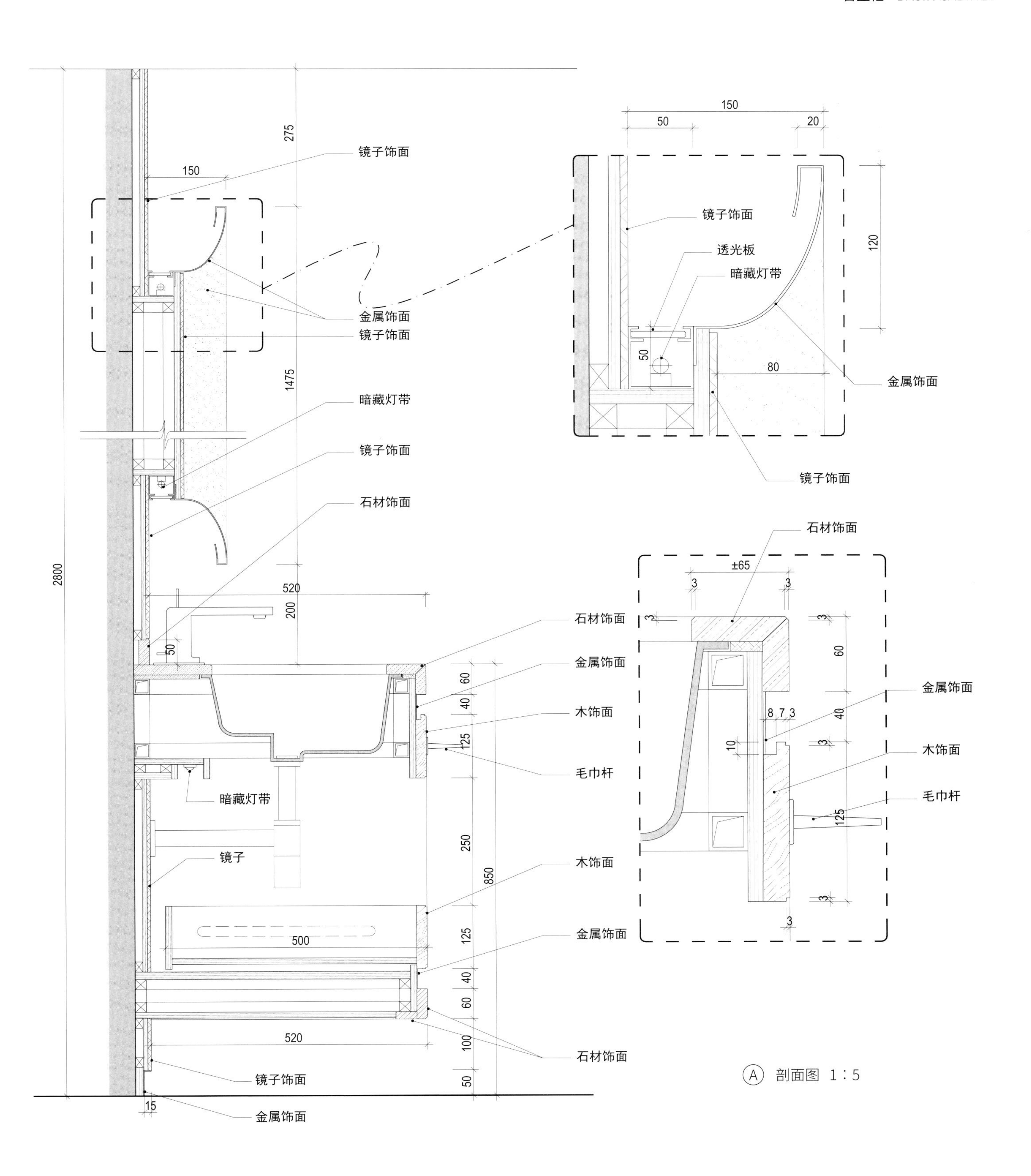

150
50
20
镜子饰面
透光板
暗藏灯带
120
50
80
金属饰面
镜子饰面
275
150
镜子饰面
金属饰面
镜子饰面
1475
暗藏灯带
镜子饰面
石材饰面
2800
520
200
50
石材饰面
金属饰面
木饰面
毛巾杆
60
40
125
暗藏灯带
250
镜子
850
木饰面
500
125
金属饰面
40
60
520
100
石材饰面
镜子饰面
50
15
金属饰面
石材饰面
±65
3
3
3
3
60
40
8 7 3
10
3
金属饰面
木饰面
毛巾杆
125
3
3

Ⓐ 剖面图　1：5

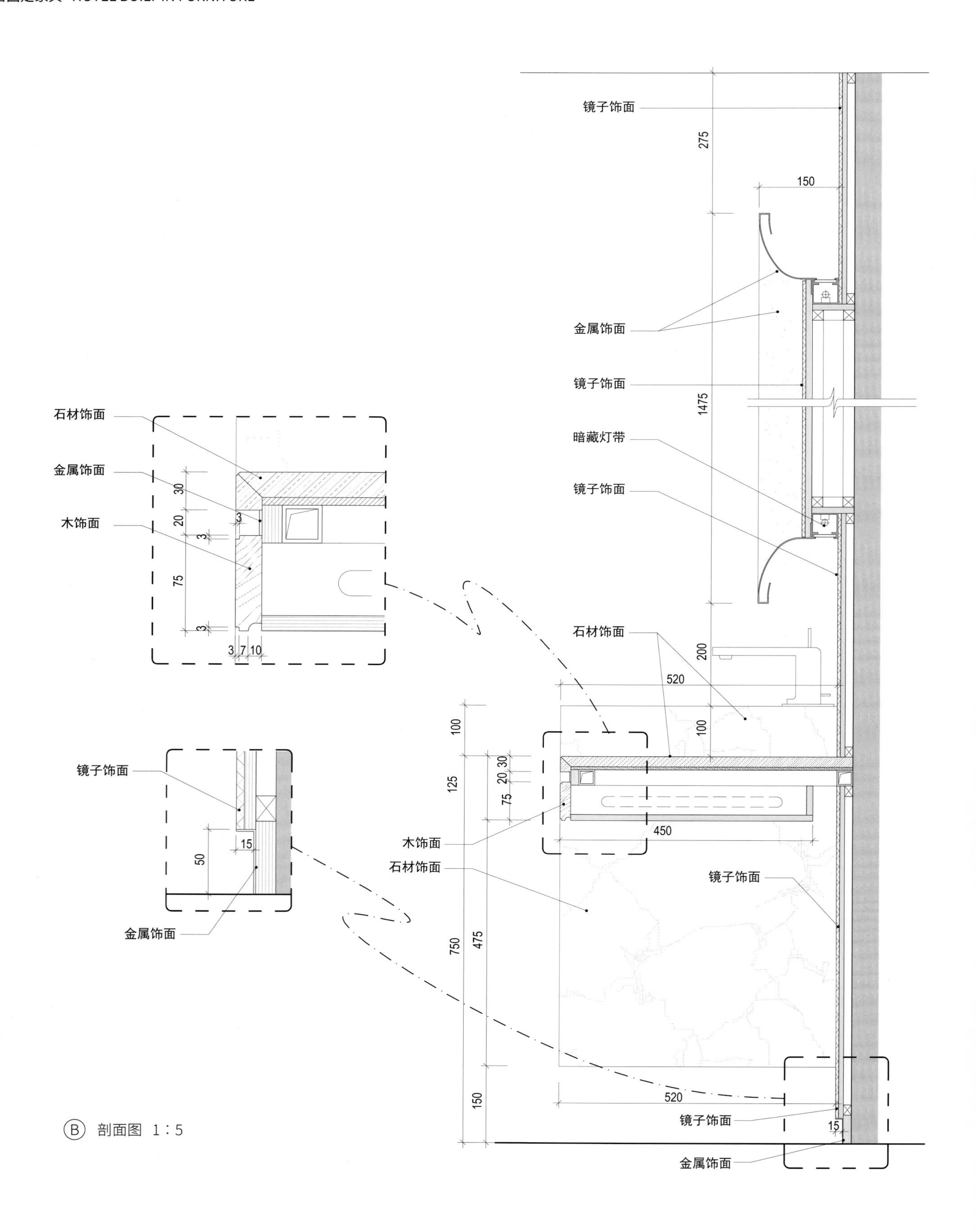
镜子饰面
275
150
金属饰面
镜子饰面
1475
暗藏灯带
镜子饰面
石材饰面
200
520
100
100
125
20 30
75
450
木饰面
石材饰面
镜子饰面
750
475
150
520
镜子饰面
15
金属饰面
石材饰面
金属饰面
木饰面
30
20
3
3
75
3
3 7 10
镜子饰面
15
50
金属饰面

Ⓑ 剖面图 1：5

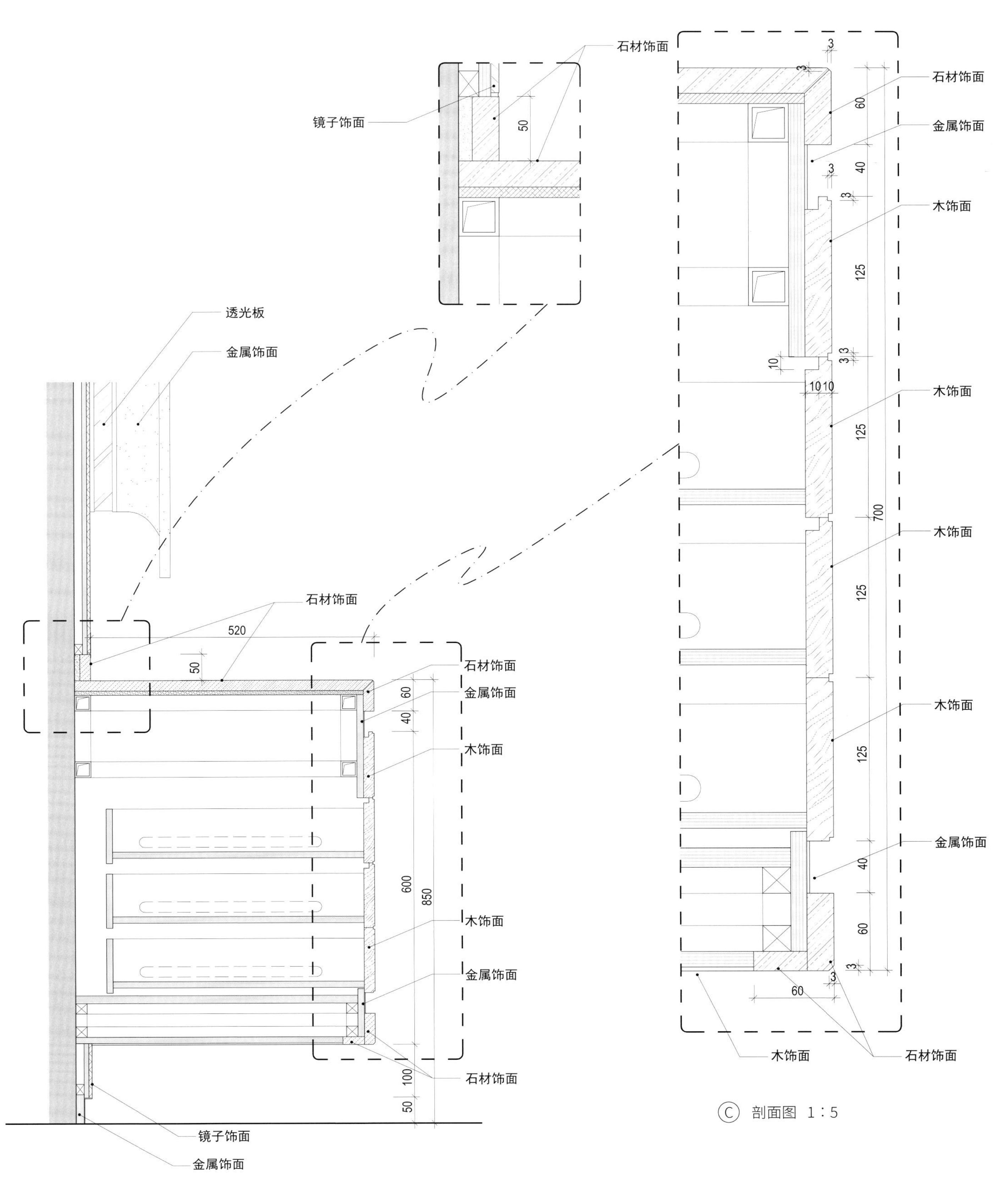
石材饰面
镜子饰面
50
3
3
石材饰面
60
金属饰面
40
3
3
木饰面
125
10
3 3
10 10
木饰面
125
700
木饰面
125
木饰面
125
金属饰面
40
60
3
3
60
木饰面
石材饰面
透光板
金属饰面
石材饰面
520
50
石材饰面
60
金属饰面
40
木饰面
600
850
木饰面
金属饰面
石材饰面
100
50
镜子饰面
金属饰面

Ⓒ 剖面图 1：5

案例 2　Case 2

三维透视图

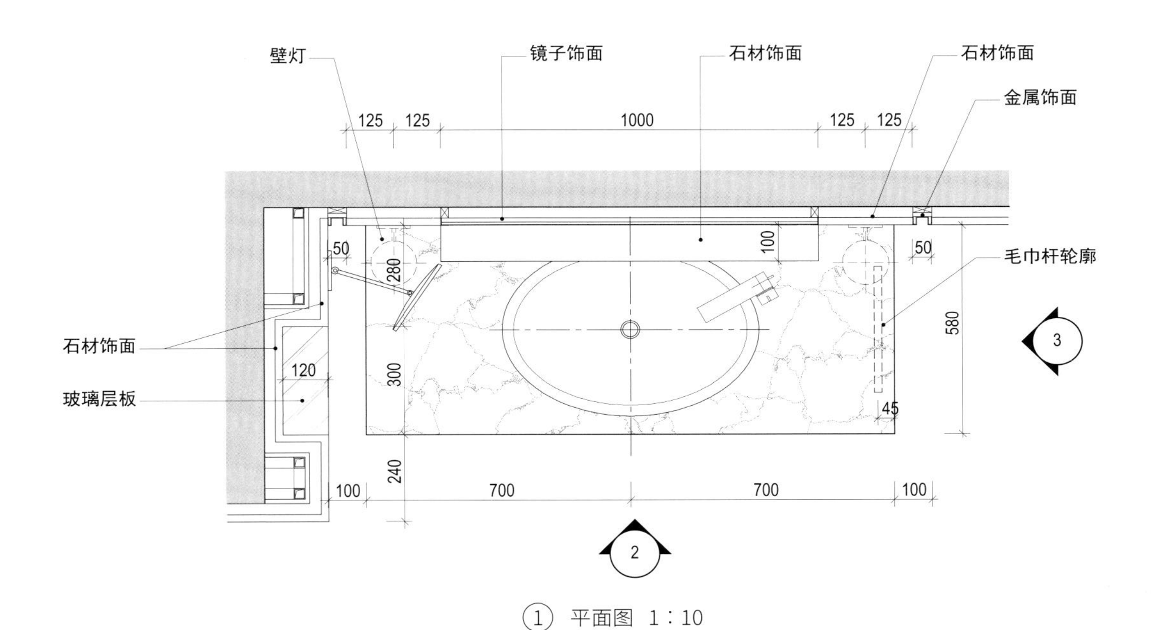

① 平面图 1：10

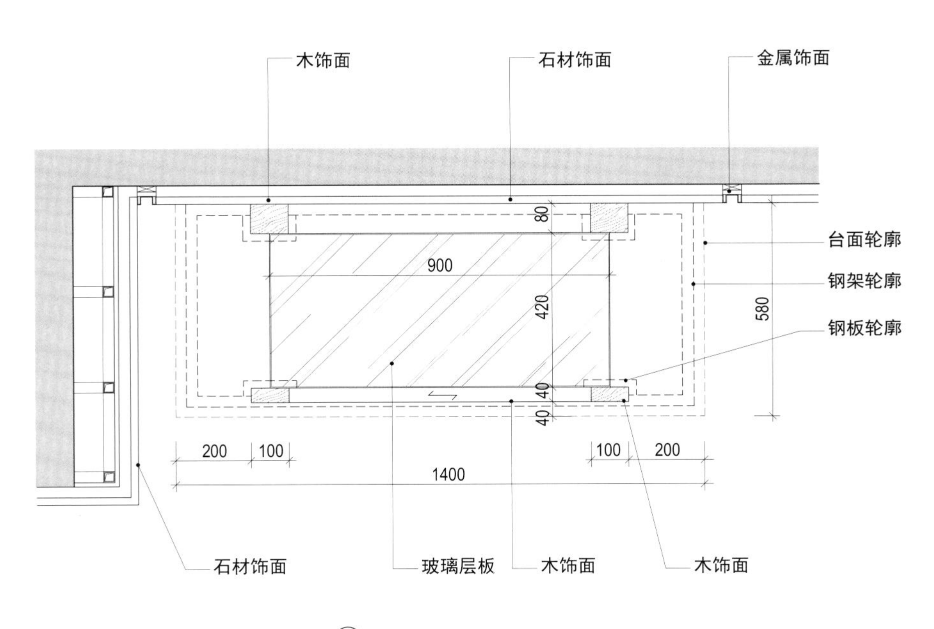

Ⓐ 剖面图 1：10

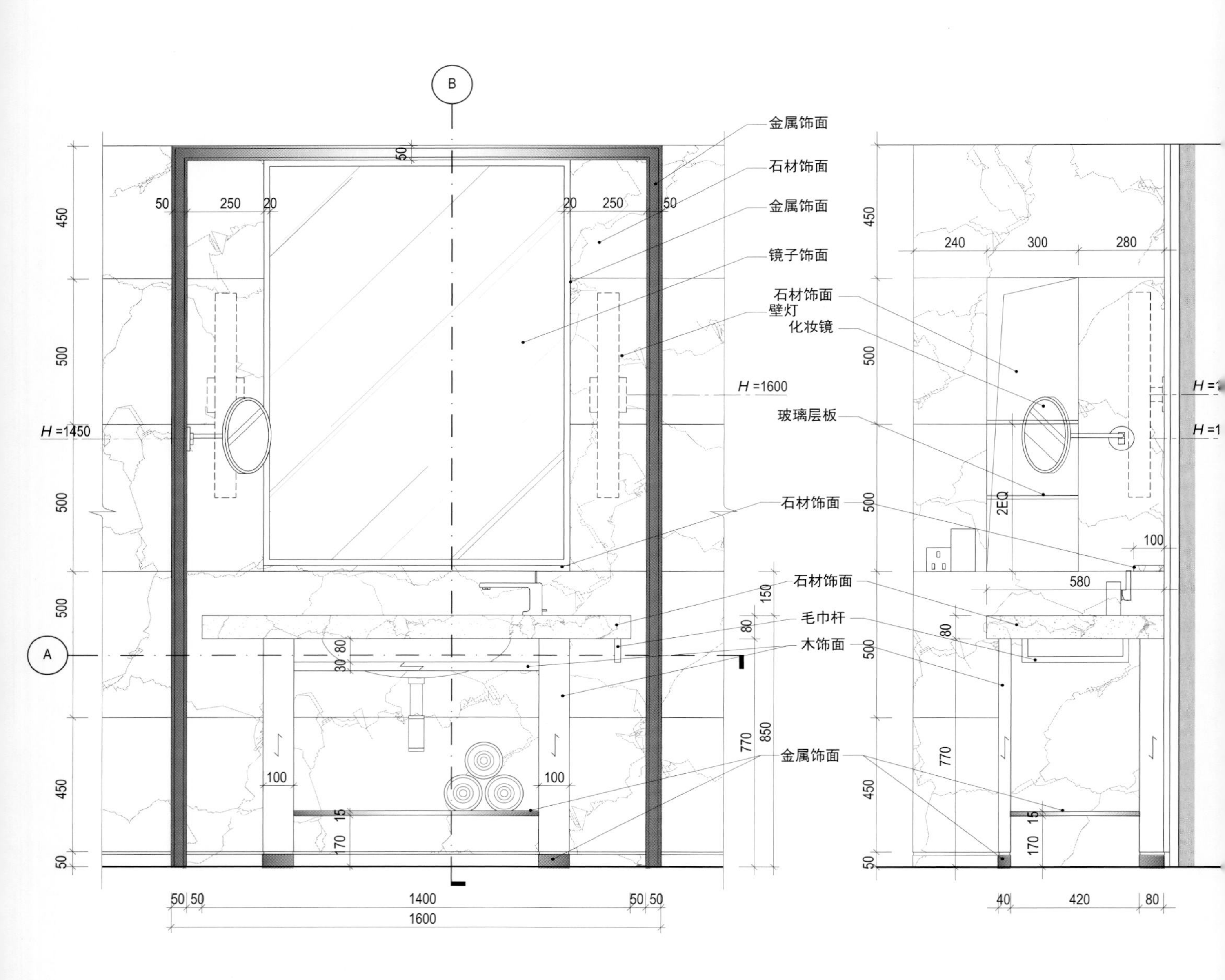

② 立面图 1：10

③ 立面图 1：10

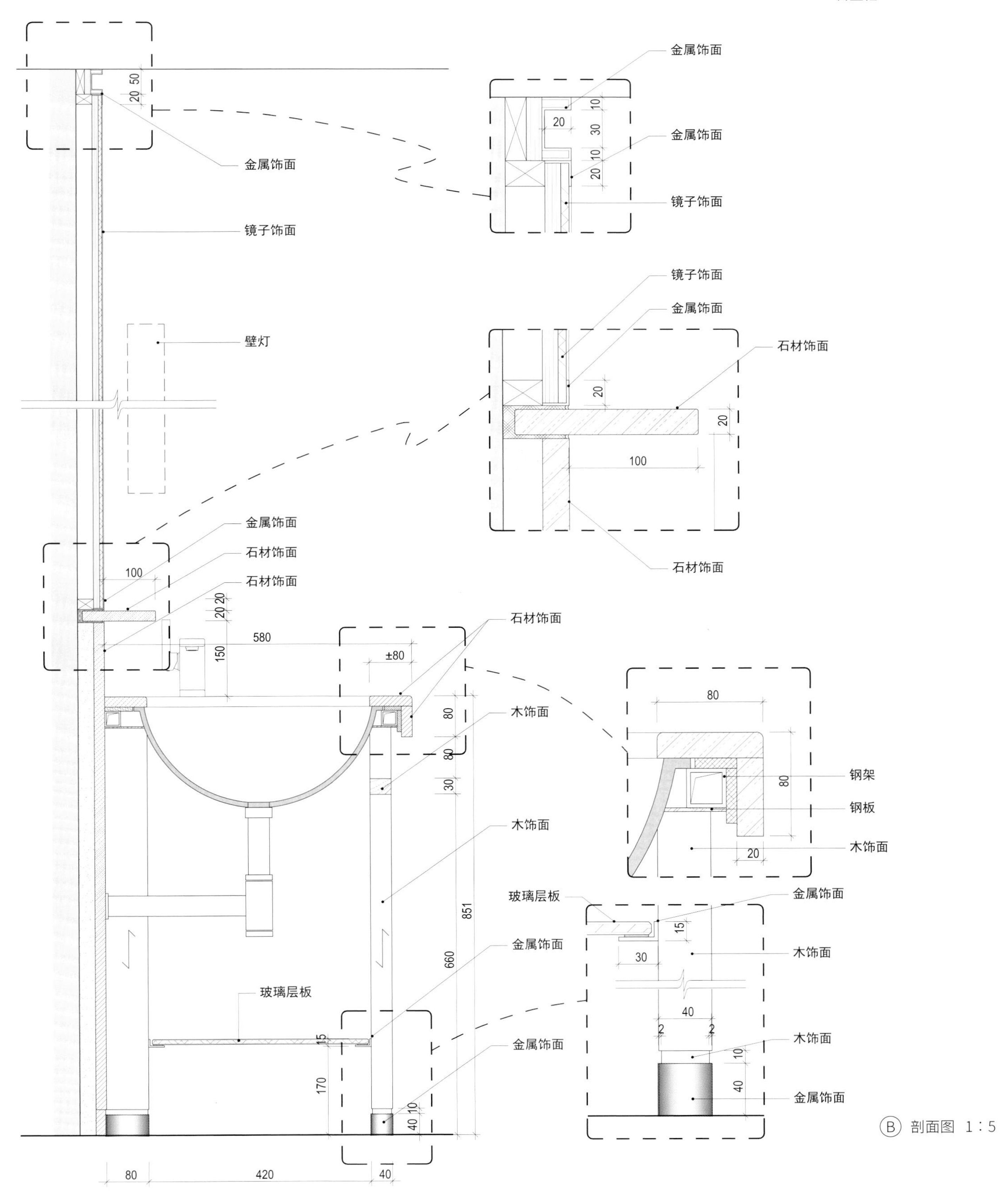
金属饰面
镜子饰面
壁灯
金属饰面
石材饰面
石材饰面
100
20 20
580
±80
150
80
80
30
851
660
15
170
10
40
80
420
40
玻璃层板
金属饰面
金属饰面
木饰面
木饰面
石材饰面
钢架
钢板
木饰面
20
30
10
20
镜子饰面
金属饰面
石材饰面
石材饰面
100
玻璃层板
金属饰面
木饰面
木饰面
金属饰面
2
2

Ⓑ 剖面图 1：5

案例 3 Case 3

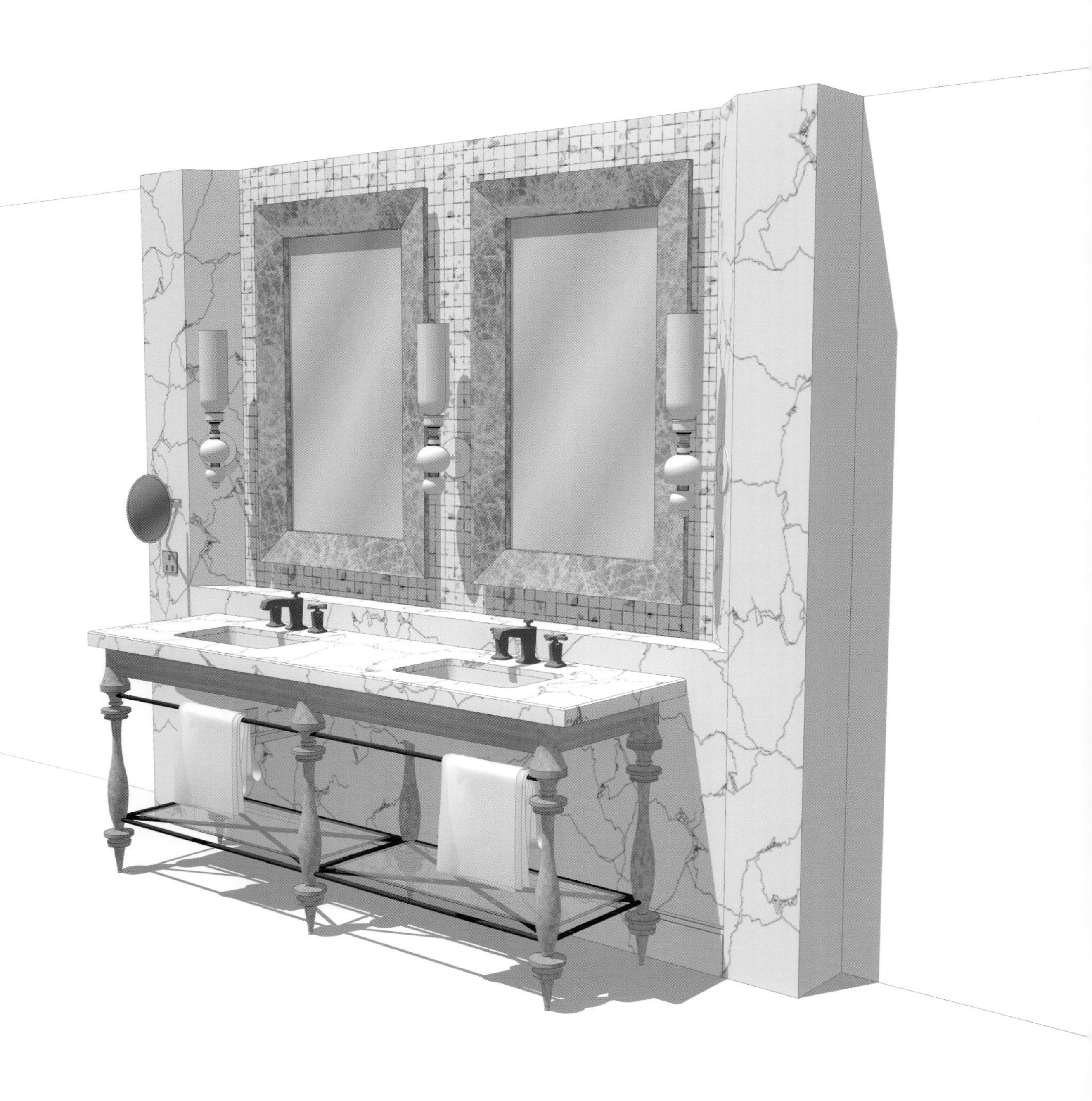

三维透视图

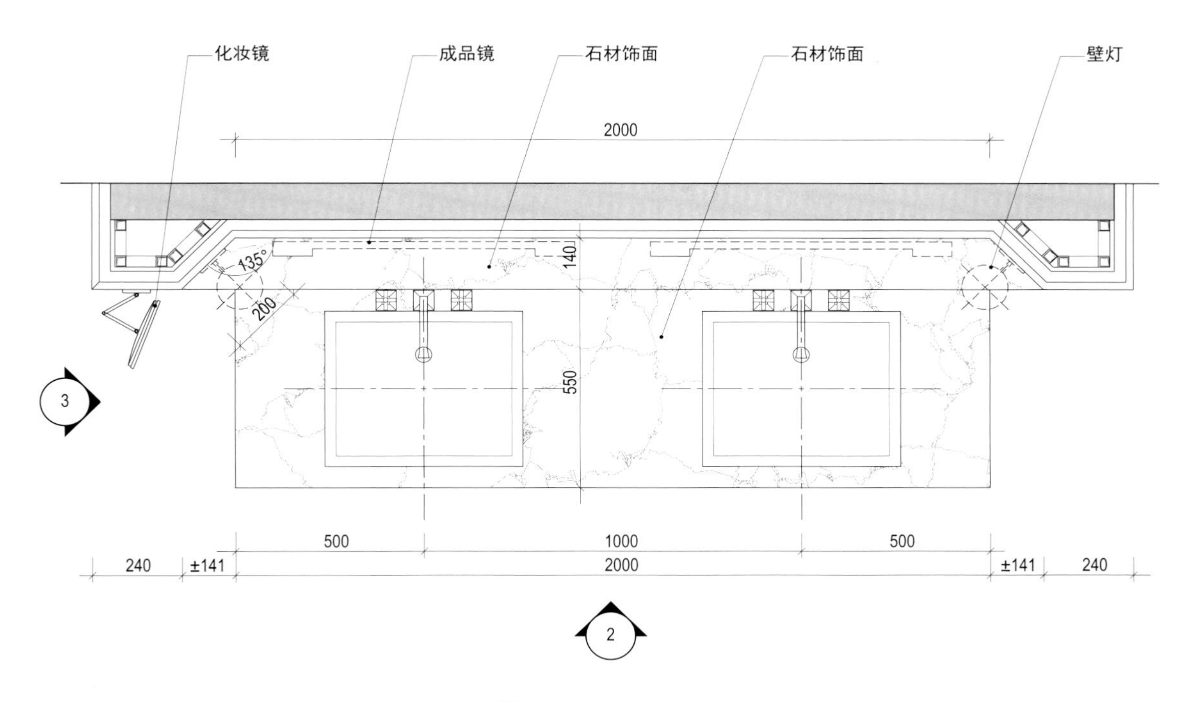

① 平面图　1：10

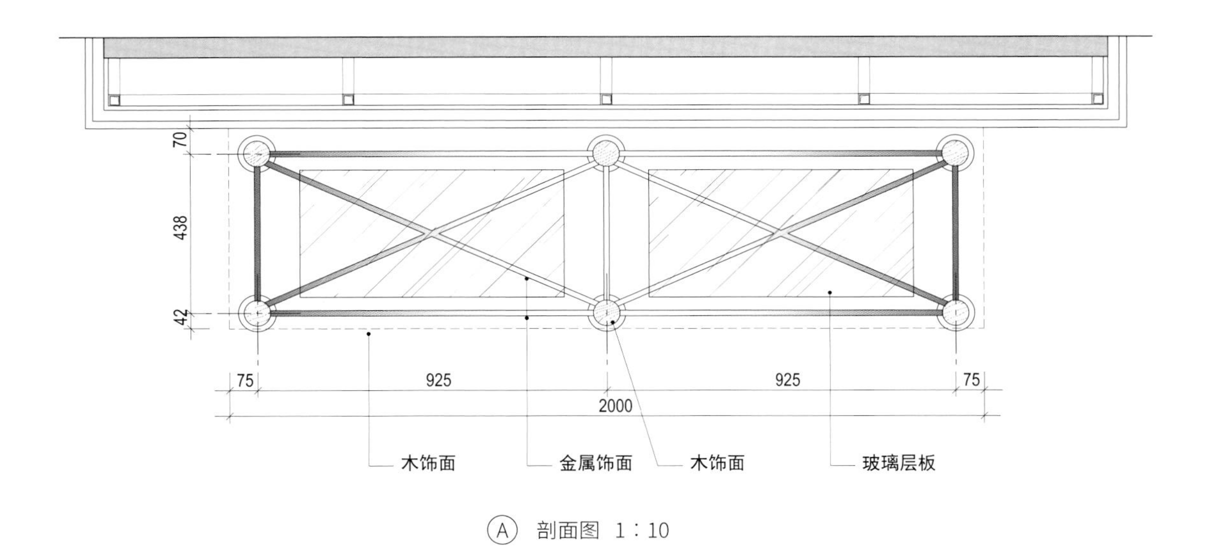

Ⓐ 剖面图　1：10

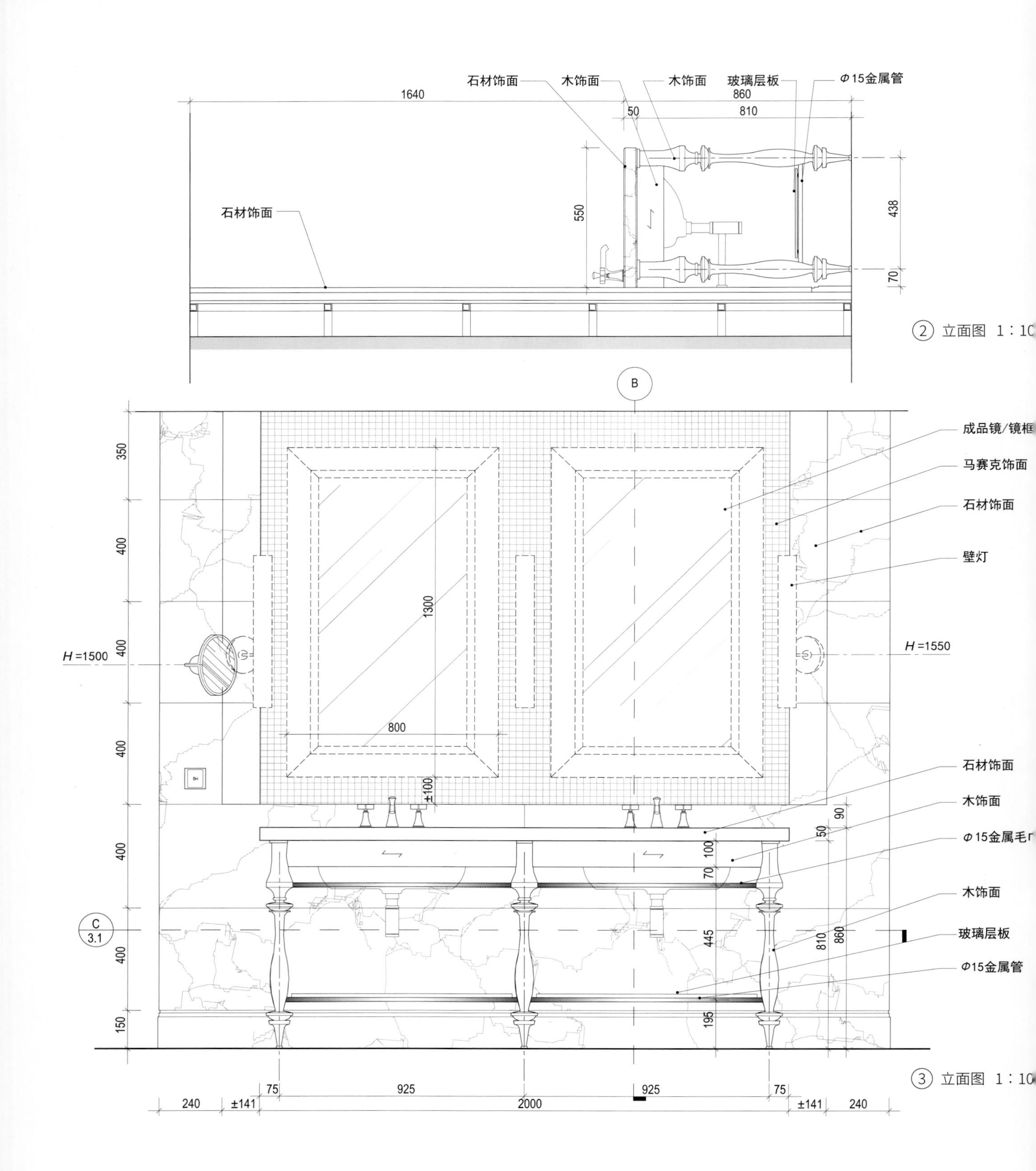

石材饰面
木饰面
木饰面
玻璃层板
Φ15金属管
1640
860
50
810
550
438
70
石材饰面
② 立面图 1：10
B
成品镜/镜框
马赛克饰面
石材饰面
壁灯
H =1500
H =1550
1300
800
±100
石材饰面
木饰面
Φ15金属毛巾
木饰面
玻璃层板
Φ15金属管
C
3.1
350
400
400
400
400
400
150
90
50
100
70
445
810
860
195
75
925
925
75
240
±141
2000
±141
240
③ 立面图 1：10

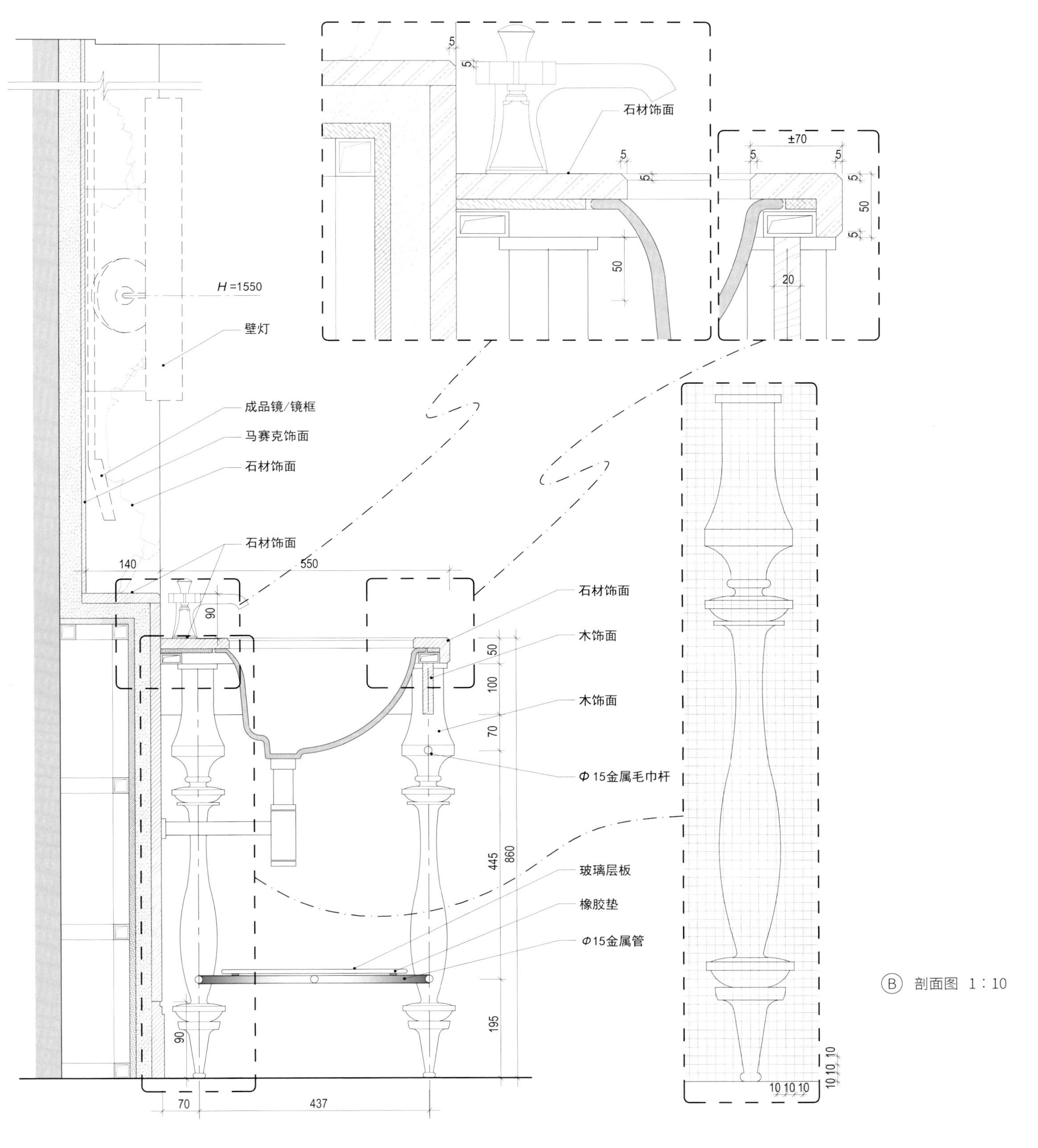
石材饰面
5
5
5
5
±70
5
5
5
50
5
50
20
H =1550
壁灯
成品镜/镜框
马赛克饰面
石材饰面
石材饰面
140
550
90
石材饰面
木饰面
木饰面
50
100
70
Φ 15金属毛巾杆
445
860
玻璃层板
橡胶垫
Φ15金属管
195
90
70
437
10 10 10
10 10 10

Ⓑ 剖面图 1：10

案例 4 Case 4

三维透视图

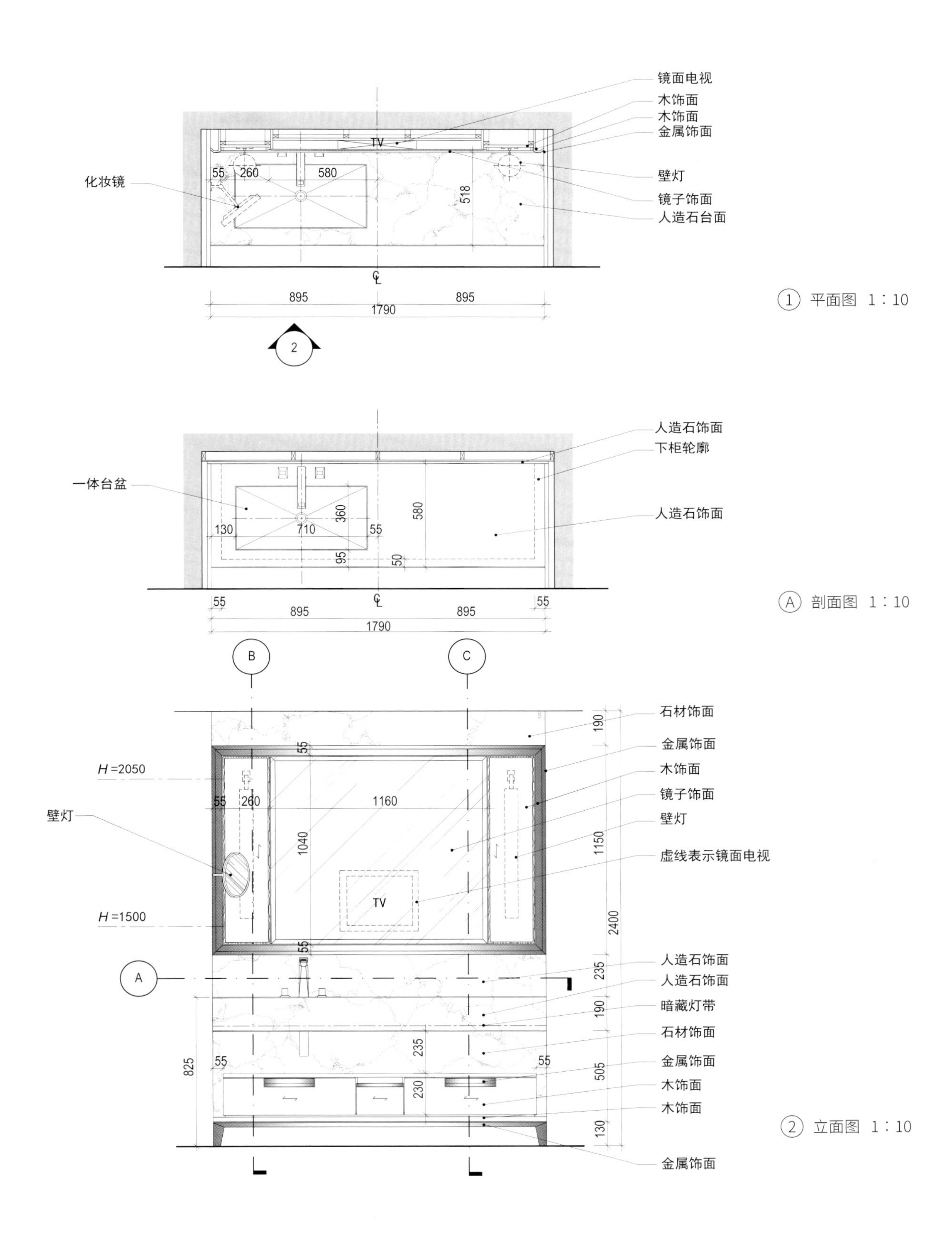

① 平面图 1：10

Ⓐ 剖面图 1：10

② 立面图 1：10

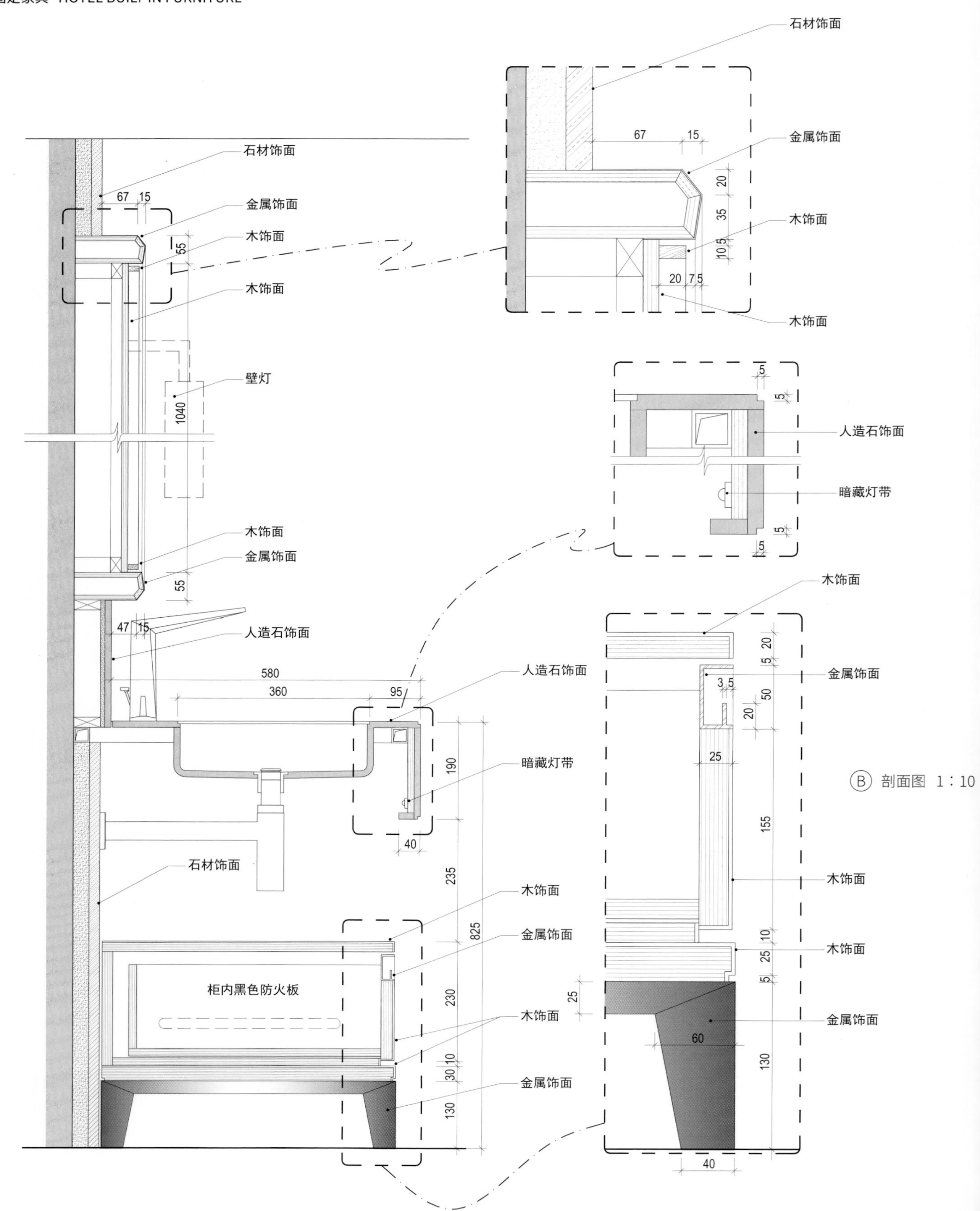
石材饰面
金属饰面
木饰面
木饰面
壁灯
木饰面
金属饰面
人造石饰面
人造石饰面
暗藏灯带
石材饰面
木饰面
金属饰面
柜内黑色防火板
木饰面
金属饰面
人造石饰面
暗藏灯带
木饰面
金属饰面
木饰面
木饰面
金属饰面
Ⓑ 剖面图 1：10

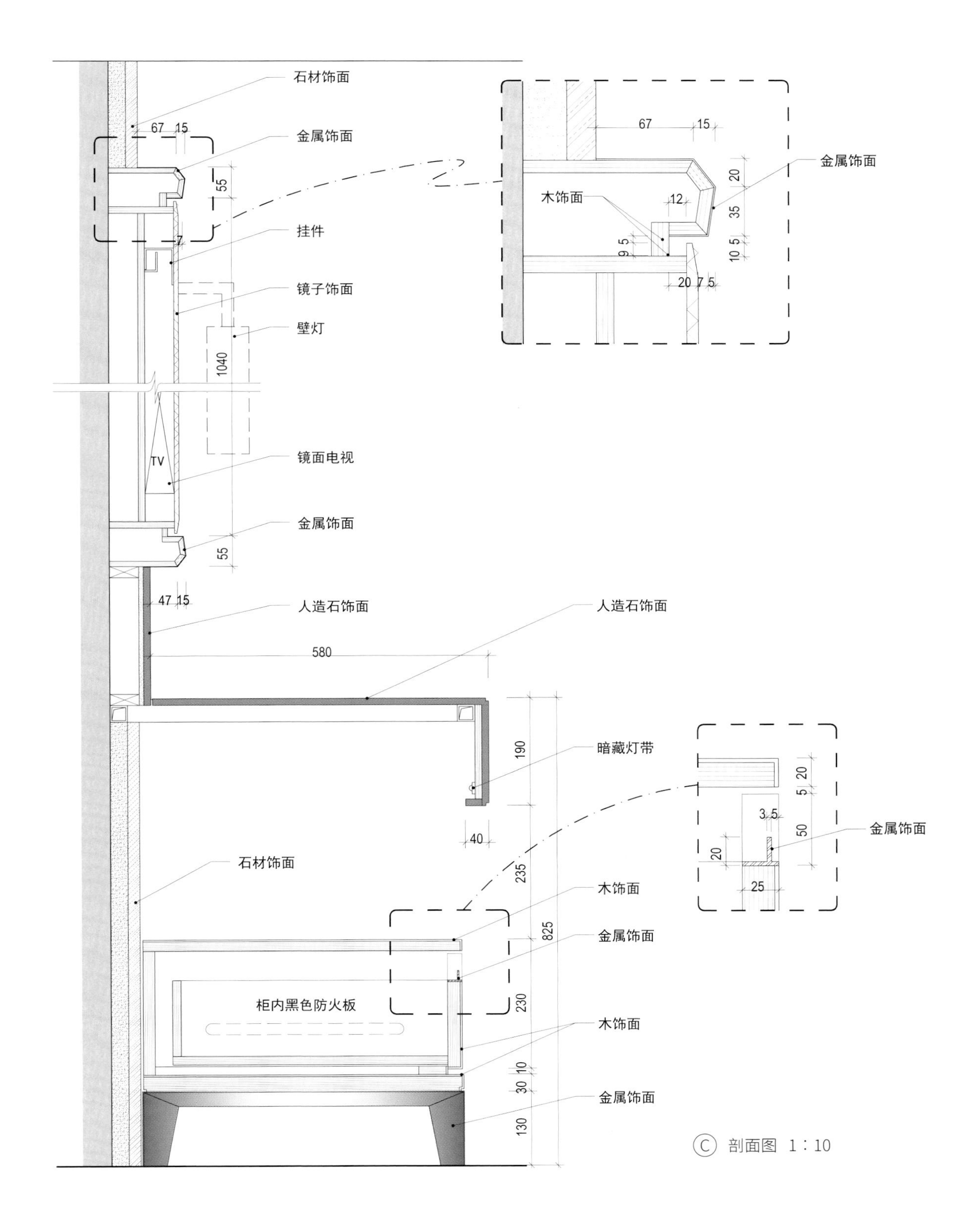
石材饰面
67 15
金属饰面
55
挂件
7
镜子饰面
壁灯
1040
镜面电视
TV
金属饰面
55
47 15
人造石饰面
580
人造石饰面
190
暗藏灯带
40
石材饰面
235
木饰面
825
金属饰面
柜内黑色防火板
230
木饰面
10
30
金属饰面
130
67
15
金属饰面
20
木饰面
12
35
9 5
10 5
20 7 5
20
5
3 5
金属饰面
50
20
25

Ⓒ 剖面图 1：10

案例 5 Case 5

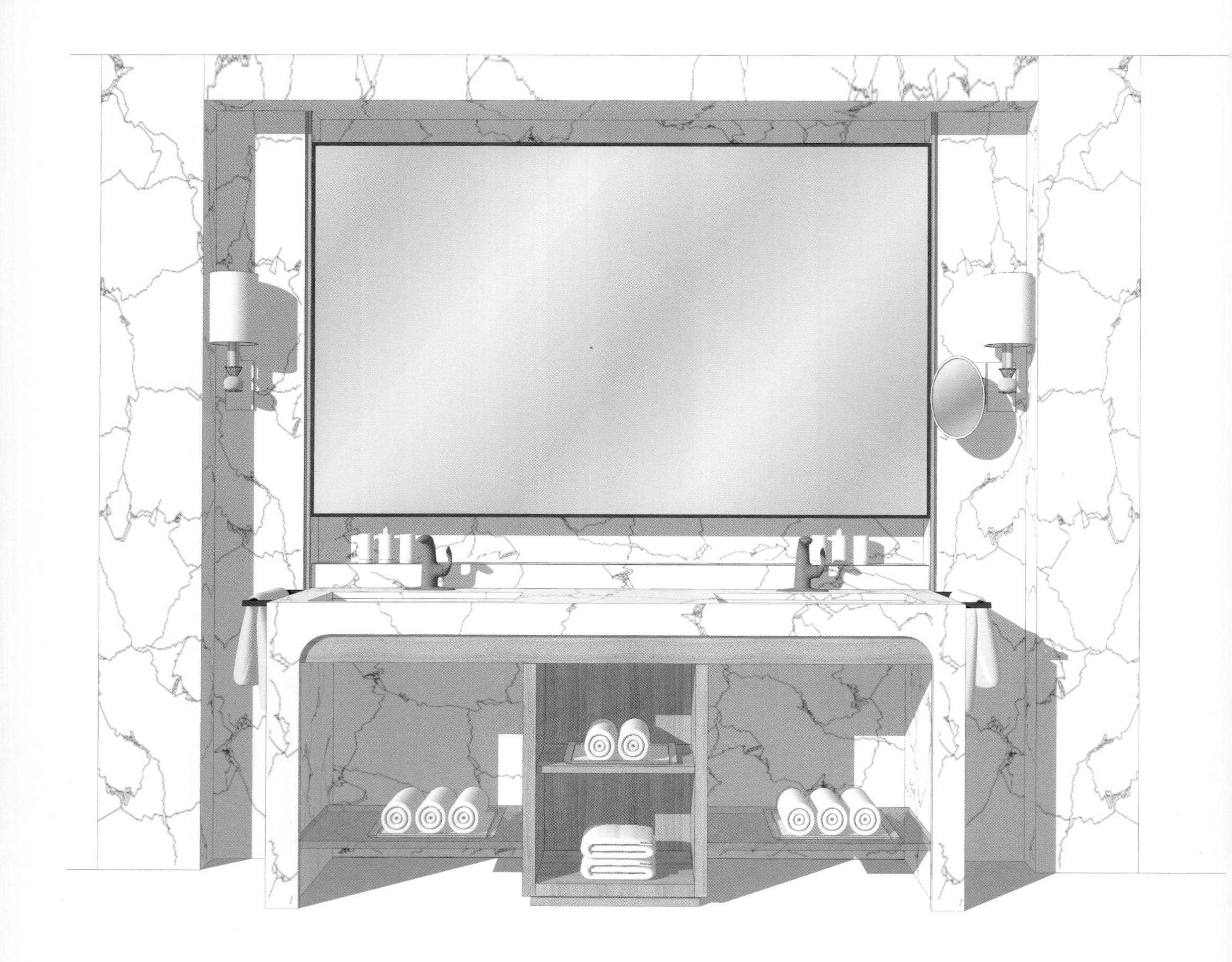

三维透视图 1

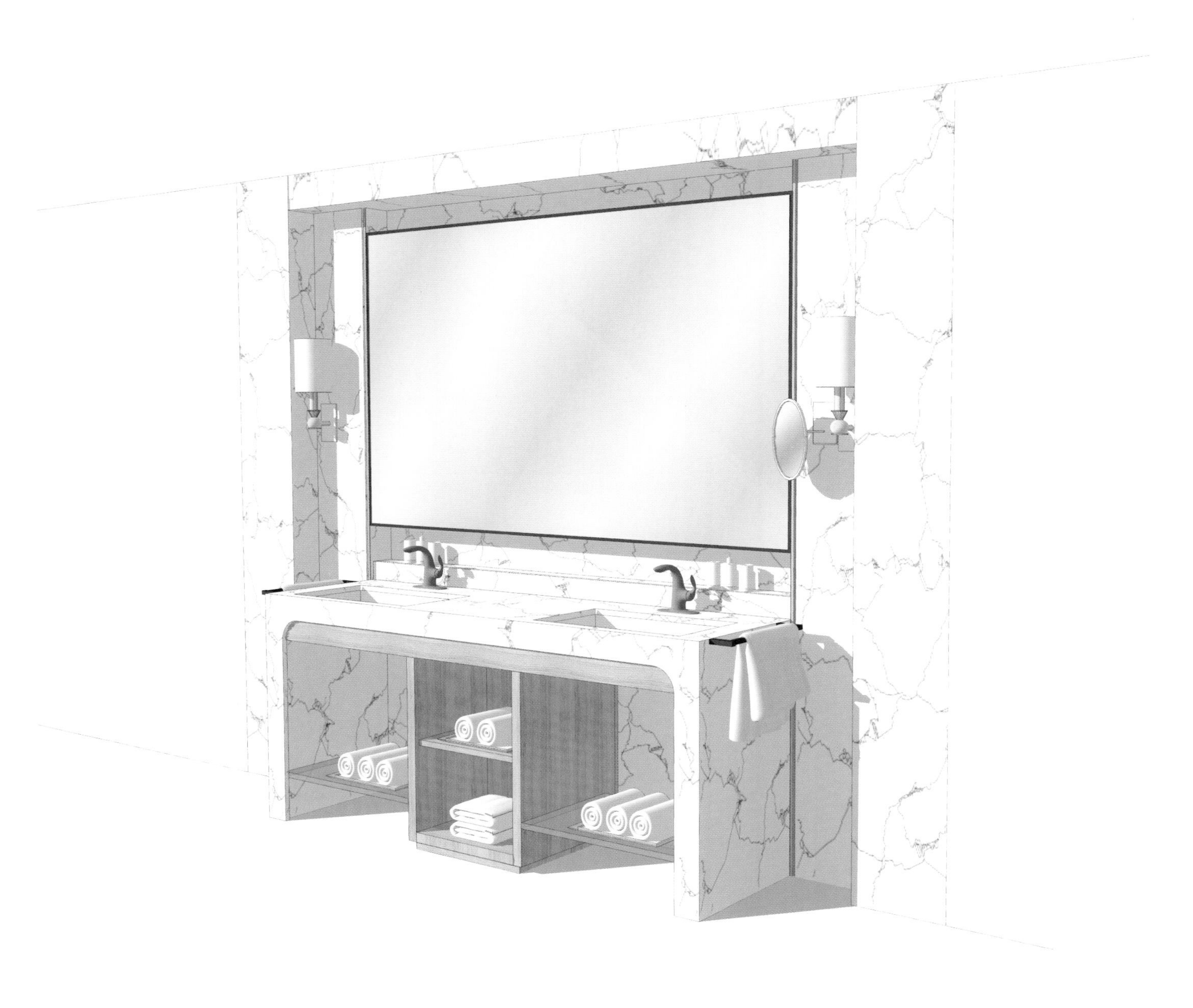

三维透视图 2

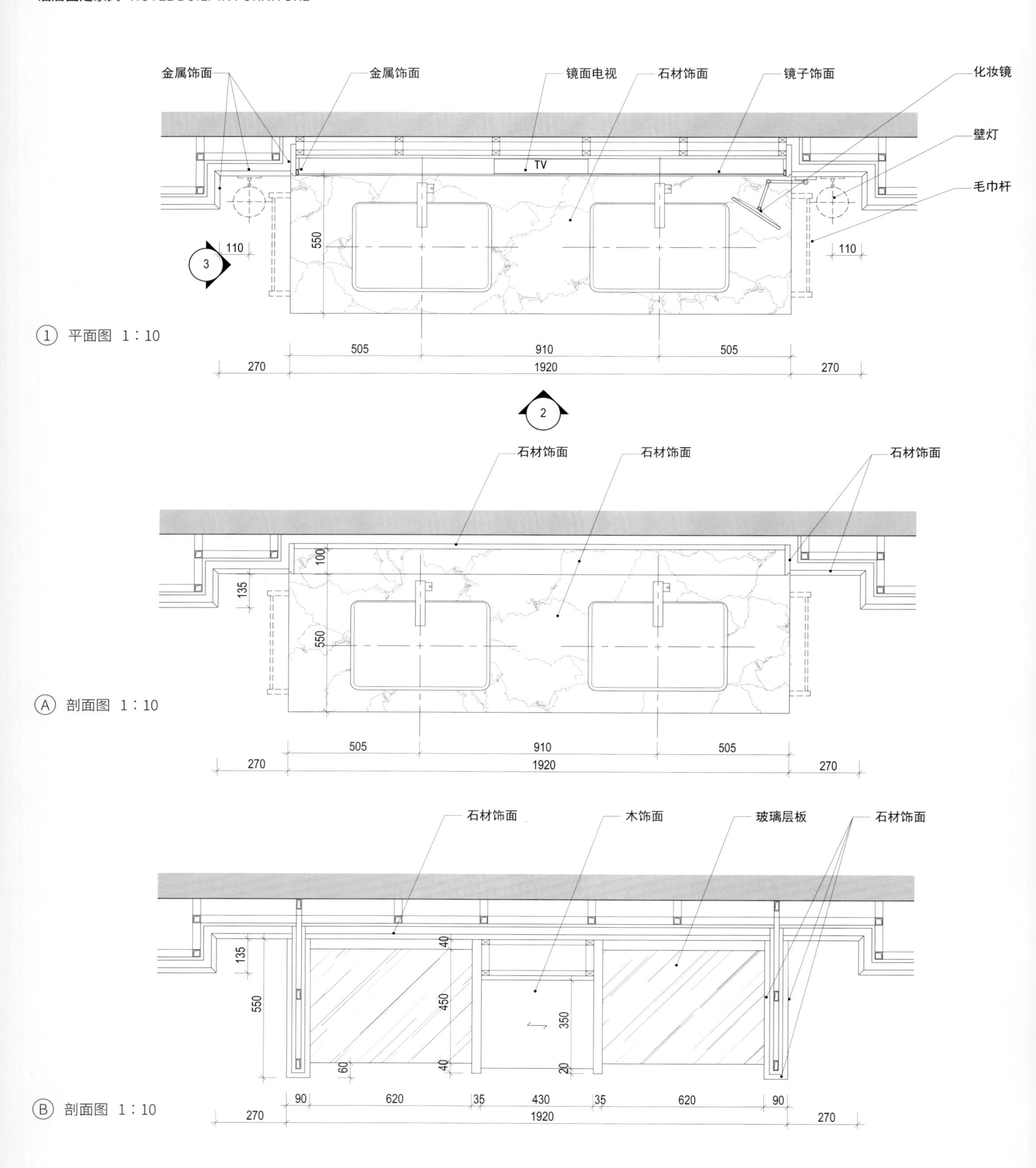
金属饰面
金属饰面
镜面电视
石材饰面
镜子饰面
化妆镜
壁灯
毛巾杆
TV
110
550
3
110
① 平面图 1：10
505
910
505
270
1920
270
2
石材饰面
石材饰面
石材饰面
100
135
550
Ⓐ 剖面图 1：10
505
910
505
270
1920
270
石材饰面
木饰面
玻璃层板
石材饰面
135
40
550
450
350
60
40
20
Ⓑ 剖面图 1：10
90
620
35
430
35
620
90
270
1920
270

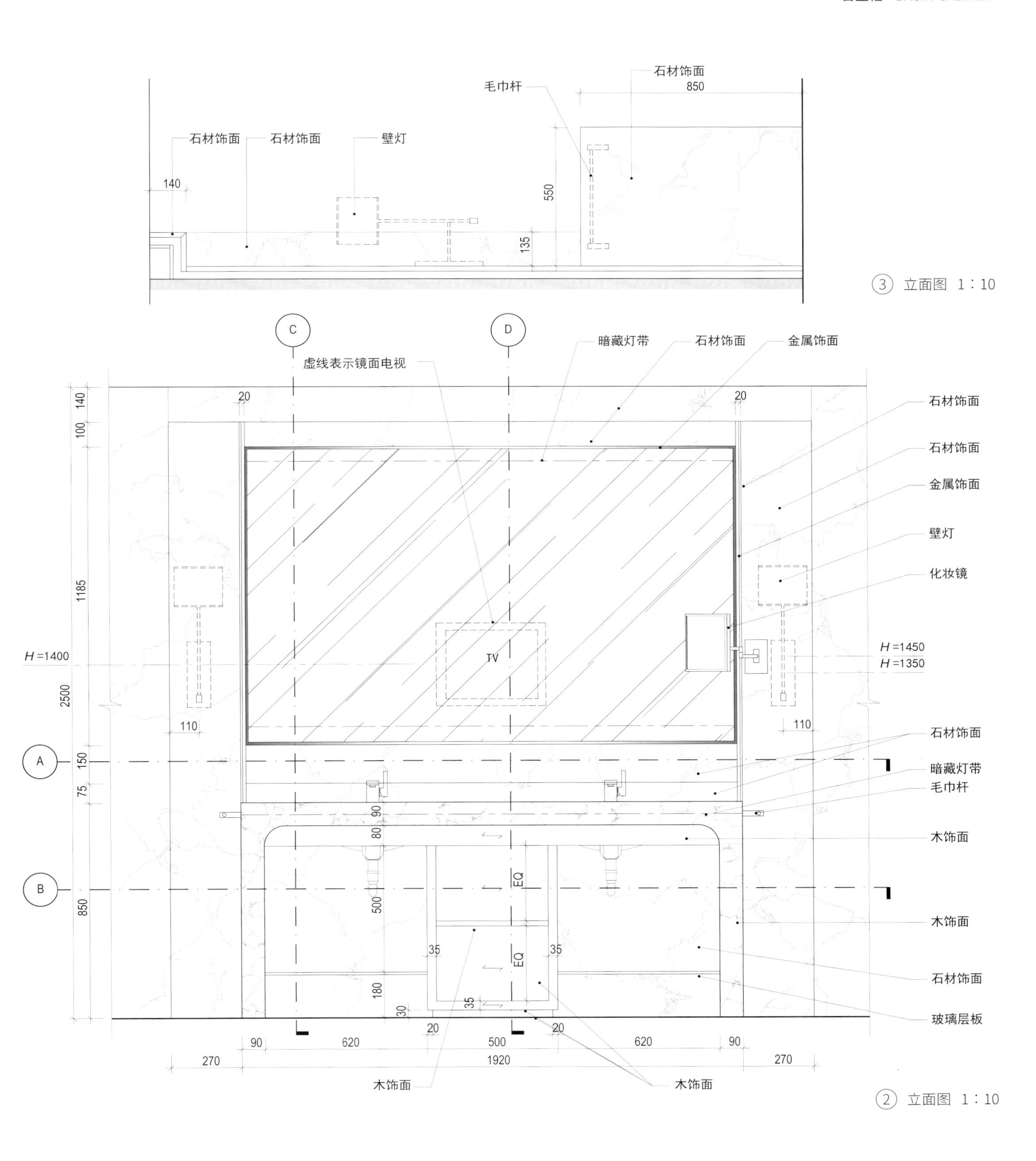

③ 立面图 1：10

② 立面图 1：10

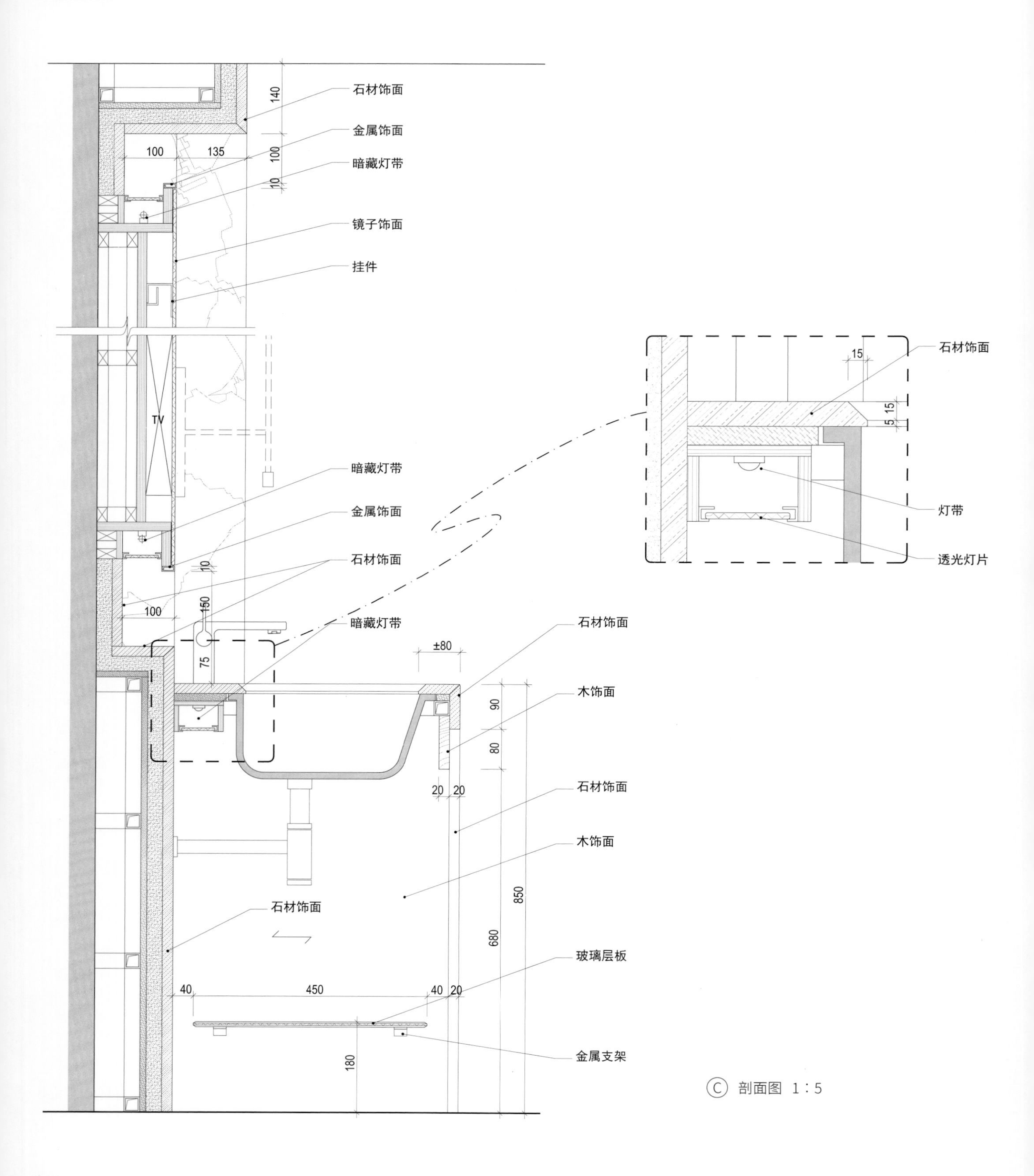

石材饰面
金属饰面
暗藏灯带
镜子饰面
挂件
TV
暗藏灯带
金属饰面
石材饰面
暗藏灯带
石材饰面
木饰面
石材饰面
木饰面
石材饰面
玻璃层板
金属支架
石材饰面
灯带
透光灯片
140
100
135
100
10
10
150
100
75
±80
90
80
20
20
850
680
40
450
40
20
180
15
15
5

Ⓒ 剖面图 1：5

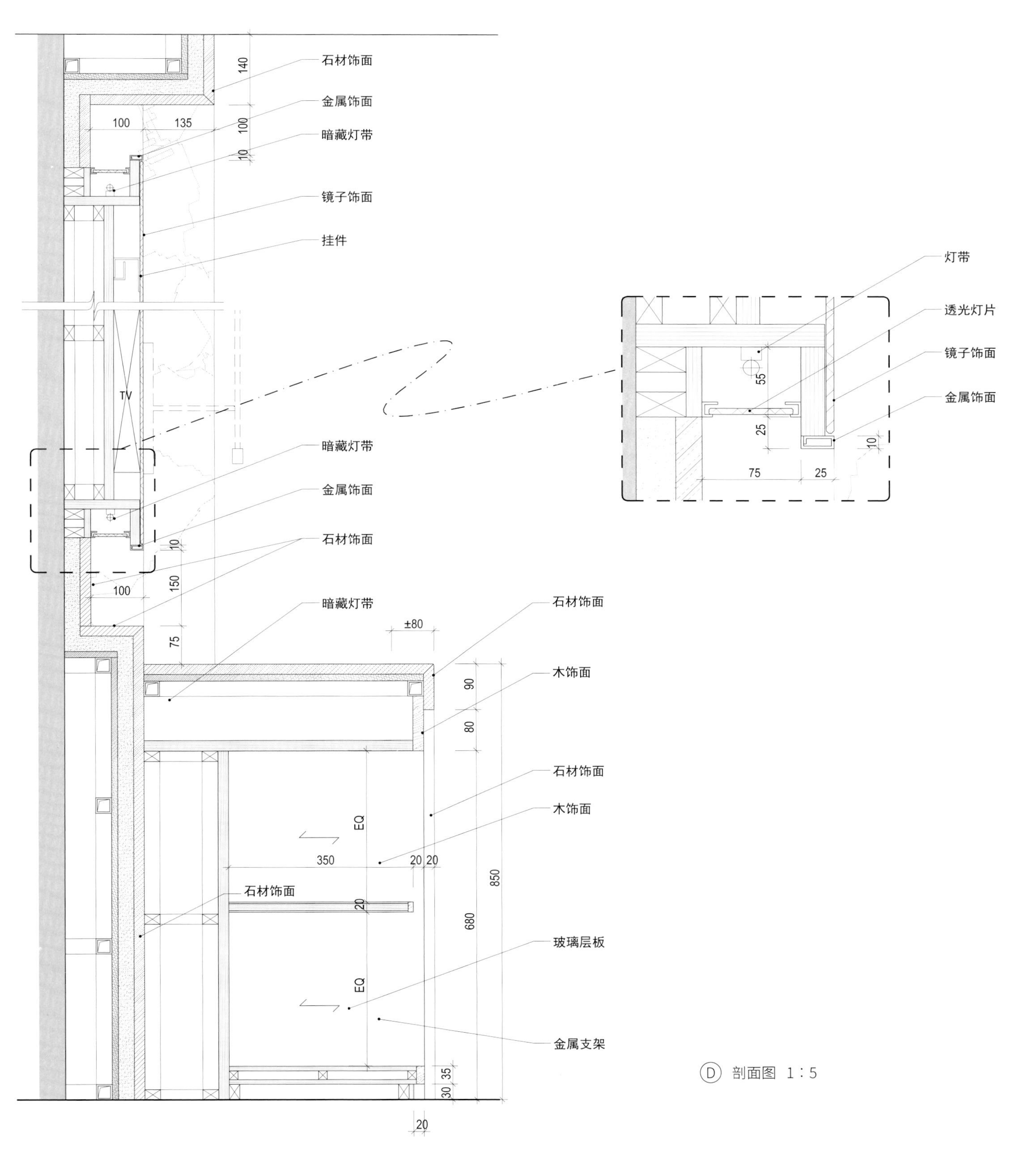
石材饰面
金属饰面
暗藏灯带
镜子饰面
挂件
TV
暗藏灯带
金属饰面
石材饰面
暗藏灯带
石材饰面
木饰面
石材饰面
木饰面
石材饰面
玻璃层板
金属支架
灯带
透光灯片
镜子饰面
金属饰面
140
100
135
100
10
10
150
100
75
±80
90
80
EQ
350
20 20
20
850
680
EQ
35
30
20
55
25
10
75
25

D 剖面图 1：5

图书在版编目（CIP）数据

室内设计节点手册 . 酒店固定家具 / 赵鲲等主编 .—上海 : 同济大学出版社 , 2017.8（2020.5重印）
ISBN 978-7-5608-7256-8

Ⅰ . ①室… Ⅱ . ①赵… Ⅲ . ①室内装饰设计－手册 Ⅳ . ① TU238-62

中国版本图书馆 CIP 数据核字 (2017) 第 190045 号

室内细部设计书系

室内设计节点手册：酒店固定家具

赵　鲲 朱小斌 周遐德 李　钦 主编

出 品 人：华春荣
责任编辑：吕　炜
责任校对：徐春莲
装帧设计：完　颖

出版发行：同济大学出版社 www.tongjipress.com.cn
（上海市四平路 1239 号　邮编：200092　电话：021-65985622）

经　　销：全国各地新华书店、建筑书店、网络书店
印　　刷：上海安枫印务有限公司
开　　本：889mm×1 194 mm 1/16
印　　张：9.25
字　　数：296 000
版　　次：2017 年 10 月第 1 版　2020 年 5 月第 3 次印刷
书　　号：ISBN 978-7-5608-7256-8
定　　价：69.00 元